RICHTSÄTZE

FÜR DIE

NOMENKLATUR

DER

ANORGANISCHEN CHEMIE

AKADEMIE-VERLAG · BERLIN
1964

Die vorliegende Lizenzausgabe darf nur im Gebiet der Deutschen Demokratischen Republik verkauft werden. Die Originalausgabe der „Richtsätze für die Nomenklatur der anorganischen Chemie" erschien 1959 und 1962 im Verlag Chemie, GmbH, Weinheim/Bergstraße.

1., unveränderter Nachdruck
Erschienen im Akademie-Verlag GmbH, Berlin W 8, Leipziger Str. 3–4

Lizenznummer: 202 · 100/593/64
Gesamtherstellung: (52) Nationales Druckhaus VOB National Berlin
Bestellnummer: 5523 · E S 18 C 4 · Preis: 3,– MDN

RICHTSÄTZE FÜR DIE NOMENKLATUR DER ANORGANISCHEN CHEMIE

Inhaltsübersicht

Vorbemerkung

Von der Internationalen Union für Reine und Angewandte Chemie sind neue Richtsätze für die Nomenklatur der anorganischen Chemie aufgestellt worden. Sie sind in den offiziellen Sprachen der Union (Englisch und Französisch) veröffentlicht worden. Für den Gebrauch im deutschen Sprachgebiet mußten diese Richtsätze übersetzt und zum Teil angepaßt werden. Diese Übersetzung ist durch eine unter Leitung von Herrn Professor Remy, Hamburg, des deutschen Mitglieds der Nomenklatur-Kommission für anorganische Chemie der Internationalen Union, stehende Kommission erfolgt, der ferner angehörten:

für die Schweiz:	Professor Feitknecht, Bern
für Österreich:	Professor Hayek, Innsbruck
für Deutschland:	Professor Hieber, München
	Professor Klemm, Münster
	Professor Rienäcker, Berlin
	Professor Wiberg, München

Die veröffentlichten Richtsätze sind als die offizielle deutsche Fassung des Nomenklaturberichtes zu betrachten. Es wäre zu wünschen, daß in der chemischen Literatur in Zukunft nur noch diese Nomenklatur angewendet wird.

Einleitung

Die Anorganische Nomenklatur-Kommision der Internationalen Union für Reine und Angewandte Chemie (I.U.P.A.C.) wurde im Jahre 1921 gegründet. Ihre Tagungen führten zu der Abfassung einer umfassenden Reihe von Richtsätzen im Jahre 1938. Veröffentlicht wurden diese infolge des Kriegsausbruchs erst 1940*). Auf der Tagung der Internationalen Union für Chemie im Jahre 1947 wurde beschlossen, diese „Richtsätze von 1940" einer gründlichen Neubearbeitung zu unterziehen. Nach eingehenden Diskussionen wurden sie vollkommen neu formuliert und nach der Tagung in Stockholm im Jahre 1953 als „Versuchsweise Richtsätze für die Anorganische Nomenklatur" in den offiziellen Sprachen der Union — Englisch und Französisch — veröffentlicht. Sie wurden von den einzelnen nationalen Organisationen überprüft, und die daraufhin eingegangenen Stellungnahmen und Verbesserungsvorschläge vieler Körperschaften und Einzelpersonen wurden dann in Zürich 1955, in Reading 1956 und in Paris 1957 eingehend beraten.

Die im folgenden vorgelegten Richtsätze liefern nach Ansicht der Kommission[1] das beste allgemein anwendbare System für die Nomenklatur, wenngleich gewisse Namen und Richtsätze, die hier als Grundlage für eine einheitliche Benennung gegeben werden, möglicherweise in einigen Sprachen nicht ohne weiteres verwendbar sind. In diesen Fällen werden Anpassungen und sogar Änderungen notwendig sein; aber es ist zu hoffen, daß es möglich sein wird, diese Änderungen möglichst gering zu halten und an dem Geist der I.U.P.A.C.-Richtsätze festzuhalten. Die englische und die französische Fassung der Richtsätze, die sich nur wenig unterscheiden, sind als die internationalen Vorbilder für die Übersetzung in andere Sprachen anzusehen. Bei Übersetzungen in romanische Sprachen wird die französische, bei Übersetzungen in germanische Sprachen die englische Fassung am besten als Grundlage dienen. Diese beiden Sprachen sind als die offiziellen Sprachen dei Union verwendet; aber es muß im Auge behalten werden, daß verschiedene Nationen, die sich dieser Sprachen bedienen, dies mit gewissen Unterschiedlichkeiten tun. Daher kann selbst bei den englisch sprechenden und den französisch sprechenden Völkern ein ähnliches Bedürfnis für eine Anpassung und Änderung auftreten; jedoch hoffen wir, daß in diesen Fällen ebenso wie in den anderen eine sorgfältige Überlegung zu möglichst geringen Änderungen führt und so der Geist unserer internationalen Richtsätze erhalten bleibt.

Es ist immer das Bestreben der Kommission gewesen, Richtsätze aufzustellen, die zu klaren und brauchbaren Namen für möglichst viele anorganische Verbindungen führen. Es wurde aber bald klar, daß der Name einer Verbindung von denen, die ihn benutzen, zu verschiedenen Zwecken benötigt werden kann, und es ergab sich die Notwendigkeit zu gewissen Kompromissen, um Richtsätze von der größtmög-

---

*) Ber. dtsch. chem. Ges. **73** A, 53 [1940].

1) Vorsitzende: 1947—1953 H. Bassett, 1953—1957 Alex. Silverman; Stellvertr. Vorsitzender K. A. Jensen; Schriftführer G. H. Cheesman. — J. Bénard, N. Bjerrum(†), E. H. Büchner, W. Feitknecht, L. Malatesta, A. Ölander und H. Remy.

lichen allgemeinen Brauchbarkeit aufzustellen. Die hauptsächliche Aufgabe, die ein Name zu erfüllen hat, ist die, den Chemiker mit einem Wort oder einer Reihe von Wörtern zu versehen, durch die einzig eine ganz bestimmte Verbindung gekennzeichnet wird und durch die mindestens die empirische Formel angegeben, möglichst aber auch das Grundsätzlichste über ihren Bau zum Ausdruck gebracht wird. Der Name soll gut aussprechbar sein und einfach geschrieben oder gedruckt werden können unter möglichster Vermeidung zusätzlicher Symbole (z. B. Indizes) oder besonderer Schriftarten (z. B. Kursivschrift).

Viele anorganische Verbindungen existieren nur im festen Zustande und werden beim Schmelzen, Lösen oder Verdampfen zersetzt. Einige Chemiker haben nachdrücklich die Ansicht vertreten, daß Namen für derartige Verbindungen nicht nur die Zusammensetzung, sondern auch die Struktur im festen Zustand zum Ausdruck bringen sollten. Würde man diese Angaben einbeziehen, so würden die Namen äußerst umständlich werden. Außerdem würden, da viele Strukturen noch unbekannt oder umstritten sind, solche Namen oft abgeändert werden müssen. Für den allgemeinen Gebrauch ist es wichtig, daß man möglichst kurze Namen zur Verfügung hat; darum hat sich die Kommission bemüht, ein System aufzustellen, das auf der Zusammensetzung und den wichtigsten Eigenschaften der Stoffe fußt unter möglichster Vermeidung von Wandlungen unterliegenden theoretischen Gesichtspunkten.

Abschnitt 1: Elemente

1. 1 Namen und Symbole der Elemente

1. 11 Die Elemente sollen die in der folgenden Tabelle angegebenen Symbole tragen. Es ist wünschenswert, daß sich ihre Namen in den verschiedenen Sprachen so wenig wie möglich unterscheiden. Da aber eine vollständige Übereinstimmung kaum zu erreichen ist, wurden für die einzelnen Sprachen verschiedene Namenverzeichnisse aufgestellt. Die folgende Tabelle enthält die deutschen Namen.

Name	Symbol	Ordn.-Zahl	Name	Symbol	Ordn.-Zahl
Actinium	Ac	89	Cadmium	Cd	48
Aluminium	Al	13	Cäsium	Cs	55
Americium	Am	95	Calcium	Ca	20
Antimon	Sb	51	Californium	Cf	98
(Antimonium, Stibium)			Cer	Ce	58
Argon	Ar	18	Chlor	Cl	17
Arsen	As	33	Chrom	Cr	24
Astat	At	85	Curium	Cm	96
Barium	Ba	56	Dysprosium	Dy	66
Berkelium	Bk	97	Einsteinium	Es	99
Beryllium	Be	4	Eisen (Ferrum)	Fe	26
Blei (Plumbum)	Pb	82	Erbium	Er	68
Bor	B	5	Europium	Eu	63
Brom	Br	35	Fermium	Fm	100

Name	Symbol	Ordn.-Zahl	Name	Symbol	Ordn.-Zahl
Fluor	F	9	Promethium	Pm	61
Francium	Fr	87	Protactinium	Pa	91
Gadolinium	Gd	64	Quecksilber	Hg	80
Gallium	Ga	31	(Mercurius, Hydrargyrum)		
Germanium	Ge	32	Radium	Ra	88
Gold (Aurum)	Au	79	Radon	Rn	86
Hafnium	Hf	72	Rhenium	Re	75
Helium	He	2	Rhodium	Rh	45
Holmium	Ho	67	Rubidium	Rb	37
Indium	In	49	Ruthenium	Ru	44
Iridium	Ir	77	Samarium	Sm	62
Jod	J	53	Sauerstoff (Oxygenium)	O	8
Kalium	K	19	Scandium	Sc	21
Kobalt (Cobaltum)	Co	27	Schwefel (Sulfur)	S	16
Kohlenstoff (Carboneum)	C	6	Selen	Se	34
Krypton	Kr	36	Silber (Argentum)	Ag	47
Kupfer (Cuprum)	Cu	29	Silicium	Si	14
Lanthan	La	57	Stickstoff (Nitrogenium)	N	7
Lithium	Li	3	Strontium	Sr	38
Lutetium	Lu	71	Tantal	Ta	73
Magnesium	Mg	12	Technetium	Tc	43
Mangan	Mn	25	Tellur	Te	52
Mendelevium	Md	101	Terbium	Tb	65
Molybdän	Mo	42	Thallium	Tl	81
Natrium	Na	11	Thorium	Th	90
Neodym	Nd	60	Thulium	Tm	69
Neon	Ne	10	Titan	Ti	22
Neptunium	Np	93	Uran	U	92
Nickel (Niccolum)	Ni	28	Vanadin (Vanadium)	V	23
Niob	Nb	41	Wasserstoff (Hydrogenium)	H	1
Nobelium	No	102	Wismut (Bismutum)	Bi	83
Osmium	Os	76	Wolfram	W	74
Palladium	Pd	46	Xenon	Xe	54
Phosphor	P	15	Ytterbium	Yb	70
Platin	Pt	78	Yttrium	Y	39
Plutonium	Pu	94	Zink (Zincum)	Zn	30
Polonium	Po	84	Zinn (Stannum)	Sn	50
Praseodym	Pr	59	Zirkonium	Zr	40

1.12 Den Bezeichnungen, die sich von dem Namen eines Elements *ableiten*, soll stets der *lateinische* Name des Elements zu Grunde gelegt werden. Man soll also Namen, wie „Aurat“ „Ferrat“ und „Niccolat“ verwenden, nicht: „Goldat“, „Eisenat“ und „Nickelat“.

Für einige Verbindungen des Schwefels, des Stickstoffs und des Antimons sind Namen in Gebrauch, die nicht von den lateinischen Namen Sulfur, Nitrogenium und Antimonium abgeleitet sind, sondern von dem griechischen Namen Theion, dem französischen Namen Azote und dem lateinischen Namen Stibium. Die Namen der Quecksilberverbindungen werden nicht von dem seinem Symbol zu Grunde liegenden Namen Hydrargyrum, sondern von seinem anderen lateinischen Namen Mercurius abgeleitet.

In solchen Fällen, in denen bisher unterschiedliche Namen verwendet wurden, hat die Kommission den Namen nach vorherrschendem Gebrauch und nach Zweckmäßigkeit ausgewählt. Es sei betont, daß durch die in diesen Fällen getroffene Wahl nicht zu der Frage der Priorität der Entdeckung Stellung genommen werden soll.

1.13 Jedes neue metallische Element soll die Endung -ium und ein aus zwei Buchstaben bestehendes Symbol erhalten.

1.14 Alle Isotope eines Elements sollen grundsätzlich den gleichen Namen tragen; nur für die Wasserstoffisotope mögen die Namen Protium, Deuterium und Tritium beibehalten werden. Bei anderen Elementen ist aber der Gebrauch besonderer Isotopennamen an Stelle von Zahlen unerwünscht. Bei ihnen soll die Kennzeichnung der Isotope durch die Massenzahlen erfolgen, z. B. „Sauerstoff-18".

1.2 Sammelnamen für Gruppen und Untergruppen von Elementen

1.21 Der Gebrauch der Sammelnamen *Halogene* (F, Cl, Br, J und At), *Chalkogene* (O, S, Se, Te und Po) (*Halogenide* und *Chalkogenide* für ihre Verbindungen), *Alkalimetalle* (Li bis Fr), *Erdalkalimetalle* (Ca bis Ra) und *Edelgase* kann beibehalten werden. Der Name *„Metalle der Seltenen Erden" (Seltenerdmetalle)* soll für die Elemente Sc, Y und La bis Lu einschließlich Verwendung finden. Empfohlen werden die Namen *„Elemente der Lanthanreihe"* für die Elemente 57 bis 71 (La bis Lu) und *„Lanthanide"* für die Elemente 58 bis 71 (Ce bis Lu). Die Elemente 89 (Ac) bis 103 bilden die *Actiniumreihe*; der Name *Actinide* soll auf die Elemente beschränkt werden, bei denen die *5f*-Schale aufgefüllt wird. Für die Elemente, die auf das Uran folgen, kann auch der Name *Transurane* gebraucht werden.

1.22 Für *Nichtmetalle* soll *nicht* der Name „Metalloide" gebraucht werden.

1.3 Kennzeichnung der Masse, der Ordnungszahl, der Anzahl der Atome und der Ionenladung am Elementsymbol

1.31 Die Massenzahl, Ordnungszahl, Anzahl der Atome und die Ionenladung eines Elements können durch vier Indizes angezeigt werden, die man um das Symbol des Elements anordnet. Die einzelnen Indizes erhalten die folgenden Plätze:

Index links oben	Massenzahl
Index links unten	Ordnungszahl
Index rechts unten	Anzahl der Atome
Index rechts oben	Ionenladung

Die Ladung eines Ions soll gekennzeichnet werden durch A^{n+} und nicht durch A^{+n}.

Beispiel: $^{32}_{16}S^{2+}_{2}$

bedeutet eine doppelt positiv geladene Molekel, die aus zwei Schwefelatomen besteht, von denen jedes die Ordnungszahl 16 und die Massenzahl 32 hat.

Die folgende Gleichung gibt ein Beispiel für eine Kernreaktion:

$$^{26}_{12}Mg + ^{4}_{2}He = ^{29}_{13}Al + ^{1}_{1}H$$

1.32 Durch Isotope markierte Verbindungen kann man in der Weise kennzeichnen, daß man zum Namen der Verbindung das Symbol des Isotops in Klammern hinzufügt.

Beispiele:

$^{32}PCl_3$	Phosphortrichlorid-(^{32}P)
$H^{36}Cl$	Chlorwasserstoff-(^{36}Cl)
$^{15}NH_3$	Ammoniak (^{15}N)

Die Lokalisierung des markierten Atoms in einer Verbindung kann dadurch geschehen, daß man das Symbol des Isotops hinter den Namen des Bestandteils setzt, der durch das Isotop markiert ist.

Beispiele:	$^{2}H_2{}^{35}SO_4$	Schwefel-(^{35}S)-säure-(^{2}H)
	$^{2}H_2{}^{18}O_2$	Wasserstoff-(^{2}H)-peroxid-(^{18}O) oder Deuterium-peroxid-(^{18}O)

Wenn diese Bezeichnungsweise zu mißverständlichen oder schwer auszusprechenden Namen führt, so kann man statt deren die ganze Gruppe anführen, in der das markierte Atom enthalten ist.

Beispiele:	$HOSO_2{}^{35}SH$	Thioschwefelsäure-(^{35}SH)
	$^{15}NO_2 \cdot NH_2$	Nitramid-($^{15}NO_2$), nicht Nitr-(^{15}N)-amid
	$NO_2 \cdot {}^{15}NH_2$	Nitramid-($^{15}NH_2$)
	$HO_3S^{18}O-{}^{18}OSO_3H$	Peroxodischwefelsäure-($^{18}O_2$)

1.4 Allotropie

Rationelle Namen für verschiedene gasförmige oder flüssige Formen eines Elements erhält man dadurch, daß man die Anzahl der Atome in der Molekel durch griechische Zahlwörter angibt (vgl. 2.251). Ist die Anzahl der miteinander verbundenen Atome groß oder unbekannt, so kann die Vorsilbe „poly" verwendet werden. Ring- und Kettenstrukturen können durch Vorsilben „cyclo" bzw. „catena" gekennzeichnet werden.

Beispiele:

Symbol	Trivialname	rationeller Name
H	atomarer Wasserstoff	Monowasserstoff
O_2	(gewöhnlicher) Sauerstoff	Disauerstoff
O_3	Ozon	Trisauerstoff
P_4	weißer Phosphor (gelber Phosphor)	Tetraphosphor
S_8	λ-Schwefel	cyclo-Oktaschwefel
S_n	μ-Schwefel	catena-Polyschwefel

Für *feste* allotrope Formen gelten die in Abschnitt 9 angeführten Richtsätze.

Abschnitt 2: Formeln und Namen für Verbindungen; Allgemeines

Viele chemische Verbindungen sind binär. Andere entsprechen insofern den binären Verbindungen, als sie gleichfalls aus zwei Bestandteilen aufgebaut sind, bei denen es sich jedoch um Radikale oder zusammengesetzte Ionen handelt. Die für binäre und „pseudobinäre" Verbindungen geltenden Richtsätze lassen sich ohne weiteres sinngemäß auch auf beliebige ternäre, quaternäre usw. Verbindungen anwenden.

Manche Chemiker halten es für zweckmäßig, daß der Name einer Verbindung zum Ausdruck bringt, ob diese aus Ionen aufgebaut oder kovalent ist. In manchen Sprachen hat man einen solchen Unterschied gemacht (z. B. im Deutschen: Natriumchlorid — Chlorwasserstoff): man hat dies aber nicht allgemein durchgeführt. In der Tat erscheint es unmöglich, allgemein eine solche Unterscheidung vorzunehmen, da die Grenze zwischen den beiden Arten von Verbindungen keine scharfe ist. In diesen Richtsätzen wird für die Benennung der Verbindungen ein System aufgestellt, das auf der allgemeinen Verwendung der Endungen -id und -at basiert, und es sei betont, daß diese Endungen sowohl für aus Ionen aufgebaute als auch für kovalente Verbindungen benutzt werden sollen.

2. 1 Formeln

2. 11 Das einfachste und eindeutigste Mittel zur Bezeichnung einer anorganischen Verbindung ist die Formel. Besondere Bedeutung kommt den Formeln zu für chemische Gleichungen, außerdem aber auch für die Abfassung präparativer Vorschriften (da sie Verwechslungen ausschließen). Ihr allgemeiner Gebrauch im Text wird jedoch nicht empfohlen.

Wird der Formel ein Geschlechtswort vorangestellt, so ist stets das *sächliche* Geschlechtswort zu gebrauchen.

2. 12 Die *empirische Formel* wird in der Weise gebildet, daß man durch Nebeneinanderstellen der Elementsymbole die *einfachst mögliche* Formel angibt, welche die stöchiometrische Zusammensetzung der in Rede stehenden Verbindung zum Ausdruck bringt. Die empirische Formel kann ergänzt werden durch Angabe der Kristallstruktur (siehe Abschnitt 9).

2. 13 Für Verbindungen, die aus diskreten Molekeln bestehen, soll die *Molekularformel* angegeben werden, d. h. eine Formel, die mit dem tatsächlichen Molekulargewicht übereinstimmt, z. B. S_2Cl_2 und $H_4P_2O_6$ und nicht SCl und H_2PO_3.

Ändert sich das Molekulargewicht mit der Temperatur, so wählt man im allgemeinen die einfachst mögliche Formel (z. B. S, P und NO_2 statt S_8, P_4 und N_2O_4). Dies gilt natürlich nicht, wenn es sich darum handelt, eine unter bestimmten Bedingungen vorliegende polymere Form zu bezeichnen.

2. 14 In der *Strukturformel* wird die Reihenfolge und die räumliche Anordnung der Atome in einer Molekel angegeben.

2. 15 In den Formeln soll der elektropositive Bestandteil (Kation) immer zuerst angeführt werden (KCl, $CaSO_4$).

Dies gilt auch für die romanischen Sprachen, obgleich hier der elektropositive Bestandteil in dem *Namen* an letzter Stelle angeführt wird, z. B. KCl, chlorure de potassium.

Enthält eine Verbindung mehrere elektropositive oder mehrere elektronegative Bestandteile, so gelten für ihre Reihenfolge die Richtsätze 6.32 und 6.33.

2. 16 Bei binären Verbindungen zwischen Nichtmetallen soll der Bestandteil zuerst angeführt werden, der in der folgenden Reihe dem anderen voraufgeht:

B, Si, C, Sb, As, P, N, H, Te, Se, S, At, J, Br, Cl, O, F.

Beispiele: NH_3, H_2S, N_4S_4, S_2Cl_2, Cl_2O, OF_2.

2. 161 Bei Verbindungen, die drei oder mehr Elemente enthalten, soll jedoch die Reihenfolge im allgemeinen mit der übereinstimmen, in der die Atome tatsächlich in der Molekel oder im Ion aneinander gebunden sind; z. B.: HOCN (Cyansäure), HNCO (Isocyansäure), HONC (Knallsäure), $[SCN]^-$, nicht $[CNS]^-$.

Formeln wie HNO_3, $HClO_4$, H_2SO_4 usw. stehen hiermit nicht in Einklang. Mit dem alten Brauche, in solchen Fällen das Zentralatom unmittelbar hinter den Wasserstoff zu setzen, möchte jedoch die Kommission vorerst nicht brechen. Die Formel für die hypochlorige Säure kann geschrieben werden HOCl oder HClO. — Siehe auch Abschnitt 5.

2.17 Bei intermetallischen Verbindungen sollten die Bestandteile in der folgenden Reihenfolge angeführt werden:

Fr, Cs, Rb, K, Na, Li
Ra, Ba, Sr, Ca, Mg, Be
103, No, Md, Fm, Es, Cf, Bk, Cm, Am,
Pu, Np, U, Pa, Th, Ac, Lu—La, Y, Sc
Hf, Zr, Ti
Ta, Nb, V
W, Mo, Cr
Re, Tc, Mn
Pt, Ir, Os, Pd, Rh, Ru, Ni, Co, Fe
Au, Ag, Cu
Hg, Cd, Zn
Tl, In, Ga, Al
Pb, Sn, Ge
Bi, Sb
Po

Nichtmetalle (ausgenommen Sb) in der unter 2.16 angegebenen Reihenfolge.

In bestimmten Fällen können Abweichungen von dieser Reihenfolge gerechtfertigt sein, z. B. dann, wenn Verbindungen von analoger Struktur miteinander verglichen werden (AgZn und AgMg).

2.18 Die Anzahl gleichartiger Atome oder Atomgruppen wird in einer Formel durch arabische Ziffern angegeben, die man unten hinter das Symbol oder bei Atomgruppen unten hinter die Klammer setzt. Hingegen wird die Anzahl der Molekeln Kristallwasser oder ähnlich lose gebundener Molekeln durch *vorangestellte* arabische Ziffern angegeben.

Beispiele: $CaCl_2$ nicht $CaCl^2$; $[Co(NH_3)_6]Cl_3$ nicht $[Co6NH_3]Cl_3$; $[Co(NH_3)_6]_2(SO_4)_3$; $Na_2SO_4 \cdot 10\,H_2O$.

2.19 Die Vorsilben cis, trans, sym, asym werden im üblichen Sinne verwendet. Diese Vorsilben werden mit dem entsprechenden Symbol durch einen Bindestrich verknüpft. Beispiel: cis-$[PtCl_2(NH_3)_2]$.

2.2 Rationelle Namen

Die rationellen Namen von Verbindungen werden durch Angabe der Verbindungsbestandteile und ihrer Mengenverhältnisse gebildet. Hierfür gelten die folgenden Richtsätze.

2.21 Der Name des *elektropositiveren* Bestandteils (oder des Bestandteils, den man nach 2.16 wie einen solchen behandelt) wird nicht verändert.

In den germanischen Sprachen wird der elektropositivere Bestandteil zuerst genannt, in den romanischen Sprachen dagegen der elektronegativere Bestandteil.

2.22 Ist der *elektronegativere* Bestandteil *einatomig*, so wird sein (vom lateinischen Wortstamm abgeleiteter) Name mit der Endung *-id* versehen und (im Deutschen) an den Namen des elektropositiveren Bestandteils angefügt. Bei binären Verbindungen der Nichtmetalle erhält der Name desjenigen Elements die Endung *-id*, das in der unter 2.16 angegebenen Folge rechts von dem anderen steht. (Über zulässige Ausnahmen bei den Wasserstoffverbindungen s. 2.3.)

Beispiele:
Natriumchlorid, Calciumsulfid, Lithiumnitrid, Arsenselenid, Calciumphosphid, Nickelarsenid, Aluminiumboride, Eisencarbide, Siliciumcarbid, Kohlendioxid, Kohlendisulfid, Stickstoffsulfide, Schwefelhexafluorid, Chlordioxid, Sauerstoffdifluorid.

Gewisse mehratomige Gruppen erhalten gleichfalls die Endung *-id* (siehe 3.221).

In den romanischen Sprachen werden statt der Endung *-id* die Endungen *-ure*, *-uro* oder *-eto* gebraucht.

In einigen Sprachen wird das Wort „Oxyd" verwendet, sonst jedoch die Endung *-id*. Es wird empfohlen, die Endung *-id* in diesen Sprachen allgemein zu verwenden*).

2.23 Ist der elektronegative Bestandteil mehratomig, so wird die Endung *-at* verwendet. In gewissen Ausnahmefällen verwendet man für mehratomige elektronegative Bestandteile die Endungen *-id* und *-it*; siehe hierüber 3.22.

2.24 Bei anorganischen Verbindungen ist es im allgemeinen möglich, in einer mehratomigen Gruppe ein *charakteristisches Atom* (wie in ClO^-) oder ein *Zentralatom* (wie in JCl_4^-) anzugeben. Alle derartigen mehratomigen Gruppen werden in diesen Richtsätzen als *Komplexe* behandelt; die Atome, Radikale oder Molekeln, die an das charakteristische Atom oder an das Zentralatom gebunden sind, werden in der üblichen Weise als *Liganden* bezeichnet.

Der Name eines negativen Komplexes soll von dem Namen des charakteristischen Elements oder des Zentralatoms abgeleitet werden (wie unter 1.12 angegeben) und die Endung *-at* erhalten.

Anionische Liganden werden durch die Endung *-o* gekennzeichnet. Weitere Einzelheiten über die Bezeichnung von Liganden finden sich in Abschnitt 7.

Obgleich die Namen „Sulfat", „Phosphat" usw. ursprünglich für Salze ganz bestimmter Oxosäuren (Sauerstoffsäuren) gebraucht wurden, sollte jetzt ganz allgemein jede negative Gruppe, die Schwefel bzw. Phosphor als Zentralatom enthält, als Sulfat bzw. Phosphat angesprochen werden, unabhängig von der Oxydationsstufe des Zentralatoms und von der Art und Zahl der Liganden. (Über die Kennzeichnung verschiedener Oxydationsstufen siehe 2.252.) Der Komplex kann durch eckige Klammern kenntlich gemacht werden; dies ist jedoch nicht immer notwendig.

Beispiele:	$Na_2[SO_4]$	Natrium-tetroxosulfat
	$Na_2[SO_3]$	Natrium-trioxosulfat
	$Na_2[S_2O_3]$	Natrium-trioxothiosulfat
	$Na[SO_3F]$	Natrium-trioxofluorosulfat
	$Na_3[PO_4]$	Natrium-tetroxophosphat
	$Na_3[PS_4]$	Natrium-tetrathiophosphat
	$Na[PCl_6]$	Natrium-hexachlorophosphat
	$K[PO_2F_2]$	Kalium-dioxodifluorophosphat
	$K[POCl_2(NH)]$	Kalium-oxodichloroimidophosphat

---

*) Die bisher im Deutschen übliche Bezeichnung „Oxyd" ist eine Zusammenfassung von „Oxy" und „id", wobei das *i* weggelassen ist. Statt des *i* das *y* wegzulassen, wird deshalb empfohlen, damit die konsequente Namengebung nicht durchbrochen wird, wonach in allen binären Verbindungen der elektronegative Bestandteil die Endung „id" hat. Man verfährt entsprechend, wenn man von *Nitriden* und nicht von „Nitroiden" oder „Nitroden" spricht. Ausdrücklich sei darauf hingewiesen, daß der Vorschlag des Ersatzes von *y* durch *i* sich auf die oben angegebenen, durch die Endung *id* charakterisierten Verbindungsklassen beschränkt. Ausdrücke wie *Oxydation, Oxydoreduktion* werden davon nicht betroffen. Ebenso bleiben Bezeichnungen wie *Hydroxylamin* von diesem Vorschlag unberührt (vgl. 3.221).

Häufig kann man diese Namen abkürzen, z. B. Natriumsulfat, Natriumthiosulfat (siehe 2.26); in anderen Fällen sind Trivialnamen in Gebrauch. Es soll jedoch betont werden, daß das Prinzip ganz allgemein anwendbar ist, auch auf Verbindungen, die organische Liganden enthalten. Die Benennung nach dem angeführten Prinzip wird für alle Fälle empfohlen, in denen Trivialnamen nicht existieren.

Das hier bei komplexen Anionen benutzte Prinzip läßt sich auch auf positive und auf neutrale Komplexe anwenden (vgl. 3.1 und 7). Solche neutrale Komplexe jedoch, die als binäre Verbindungen anzusehen sind, erhalten Namen entsprechend 2.16 und 2.22; z. B.: SO_3 = Schwefeltrioxid, nicht Trioxoschwefel.

2.25 *Bezeichnung der Mengenverhältnisse der Bestandteile*

2.251 Die *stöchiometrischen Mengenverhältnisse* können angegeben werden durch griechische Zahlwörter (mono, di, tri, tetra, penta, hexa, hepta, okta, ennea, deka, hendeka und dodeka), die man den Namen der Elemente, auf die sie sich beziehen, ohne Bindestrich voranstellt.

Das Zahlwort mono wird meist weggelassen. Zahlwörter über 12 werden des leichteren Verständnisses wegen durch (gleichfalls ohne Bindestrich vorangestellte) arabische Ziffern ausgedrückt. In einigen Sprachen ist es gebräuchlich, diese Zahlwörter durch hemi ($^1/_2$) und durch das lateinische Wort sesqui ($^3/_2$) zu ergänzen.

Dieses System ist an sich auf alle Verbindungstypen anwendbar; es eignet sich aber besonders für binäre Verbindungen zwischen Nichtmetallen.

Wenn es sich darum handelt, die Anzahl von solchen Atomgruppen anzugeben, in deren Namen bereits Zahlwörter vorkommen, oder wo es sonst die Eindeutigkeit erfordert, drückt man die Anzahl der Gruppen durch Multiplikativzahlen aus (lat. bis, griech. tris, tetrakis usw.). Wenn notwendig, wird dabei die Gruppe, auf die sich die Multiplikativzahl bezieht, in Klammern gesetzt.

Beispiele:	N_2O	Distickstoffoxid
	NO_2	Stickstoffdioxid
	N_2O_4	Distickstofftetroxid
	N_2S_5	Distickstoffpentasulfid
	S_2Cl_2	Dischwefeldichlorid
	Fe_3O_4	Trieisentetroxid
	U_3O_8	Triuranoktoxid
	MnO_2	Mangandioxid
	$Ca_3(PO_4)_2$	Tricalcium-diorthophosphat
	$Ca[PCl_6]_2$	Calcium-bis(hexachlorophosphat)

Bei Inhaltsverzeichnissen kann es zweckmäßig sein, am Anfang eines Namens stehende Zahlwörter kursiv zu drucken und sie mit dem Rest des Namens durch einen Bindestrich zu verbinden (z. B: *tri*-Uranoktoxid); im Text soll dies aber nicht geschehen.

Wenn bei einem Stoff, wie es häufig der Fall ist, die Molekulargröße sich mit der Temperatur, dem Aggregatzustand usw. ändert, so wird für gewöhnlich der Name gebraucht, der sich aus der einfachsten Formel der Substanz ergibt. Anders ist es in solchen Fällen, in denen speziell auf die Polymerisation aufmerksam gemacht werden soll.

Beispiel: Für ein im Gleichgewicht stehendes Gemisch von NO_2 und N_2O_4 kann man den Namen Stickstoffdioxid verwenden. Distickstofftetroxid ist speziell N_2O_4.

2.252 Das Mengenverhältnis der Bestandteile kann auch durch die STOCK*sche Bezeichnungsweise* angegeben werden, d. h. durch Angabe der Oxydationsstufe eines Elements mittels römischer Ziffern, die in Klammern unmittelbar hinter dessen Namen gesetzt werden. Für „Null" wird die arabische „0" gesetzt.

Wird die römische Ziffer in Verbindung mit einem Symbol gebraucht, so setzt man sie rechts oben von diesem.

Die STOCKsche Bezeichnungsweise kann sowohl auf Kationen als auch auf Anionen angewandt werden. Es empfiehlt sich aber nicht, sie auch für Verbindungen zwischen Nichtmetallen zu verwenden.

Beim Gebrauch der STOCKschen Bezeichnungsweise ist es vorteilhaft, die lateinischen Namen der Elemente (oder von diesen abgeleitete Abkürzungen) zu verwenden.

Beispiele:	$FeCl_2$	Eisen(II)-chlorid oder Ferrum(II)-chlorid
	$FeCl_3$	Eisen(III)-chlorid oder Ferrum(III)-chlorid
	MnO_2	Mangan(IV)-oxid
	BaO_2	Barium(II)-peroxid
	$Pb_2^{II}Pb^{IV}O_4$	Diblei(II)-blei(IV)-oxid oder Tribleitetroxid
	$K_4[Fe(CN)_6]$	Kalium-hexacyanoferrat(II)
	$K_4[Ni(CN)_4]$	Kalium-tetracyanoniccolat(0)
	$Na_2[Fe(CO)_4]$	Natrium-tetracarbonylferrat(−II)

2.253 Gelegentlich werden auch „funktionelle" Benennungen angewandt (z. B. Salpetersäureanhydrid für N_2O_5). Als Namen werden diese aber nicht empfohlen mit Ausnahme des Namens „Säure" für Stoffe, die den Charakter von Säuren haben (s. Abschnitt 5).

2.26 Beim Gebrauch der rationellen Namen ist es nicht in allen Fällen erforderlich, die stöchiometrischen Verhältnisse anzugeben. Man kann die Angabe der Anzahl der Atome, der Oxydationsstufen usw. weglassen, wenn sie unter den gegebenen Umständen überflüssig ist. Z. B. sind diese Angaben im allgemeinen nicht erforderlich bei Elementen mit im wesentlichen konstanter Wertigkeit.

Beispiele: Natriumsulfat statt Natriumtetroxosulfat
Aluminiumsulfat statt Aluminium(III)-sulfat
Kaliumchloroplatinat(IV) statt Kaliumhexachloroplatinat(IV)
Kaliumcyanoferrat(III) statt Kaliumhexacyanoferrat(III)
Phosphorpentoxid statt Diphosphorpentoxid

2.3 Trivialnamen

Gegen die Beibehaltung gewisser allgemein gebräuchlicher Trivialnamen für Oxosäuren (Abschnitt 5) und für Wasserstoffverbindungen (Wasser, Ammoniak, Hydrazin) bestehen keine Bedenken. Für einige andere Wasserstoffverbindungen werden die folgenden Namen gutgeheißen.

B_2H_6	Diboran		
SiH_4	Silan,	Si_2H_6	Disilan usw.
PH_3	Phosphin,	P_2H_4	Diphosphin
AsH_3	Arsin,	As_2H_4	Diarsin
SbH_3	Stibin		

In einigen Sprachen sind Namen vom Typ „Chlorwasserstoff" im Gebrauch; sie können beibehalten werden, wenn die nationalen Nomenklaturkommissionen es wünschen[1].

Auch gewisse volkstümliche Namen, die frei von falschen wissenschaftlichen Deutungsversuchen sind, wie Soda, Chilesalpeter, Ätzkalk, können im technischen und volkstümlichen Schrifttum unbedenklich verwendet werden. Hingegen soll unter allen Umständen vermieden werden der Gebrauch veralteter wissenschaftlicher Bezeichnungen, die mit unseren heutigen Vorstellungen und Erkenntnissen in Widerspruch stehen, wie schwefelsaure Magnesia, kohlensaurer Kalk, salpetersaures Kali, essigsaure Tonerde, Natriumsulfhydrat, Cyankali. Solche Namen sollten auch aus dem technischen Schrifttum und den Patentschriften verschwinden.

Abschnitt 3: Namen für Ionen und Radikale

3. 1 Kationen

3. 11 Einatomige Kationen tragen die gleichen Namen wie die entsprechenden Elemente.

Beispiele: Cu^{+} Kupfer(I)-Ion Cu^{2+} Kupfer(II)-Ion J^{+} Jod-Kation

3. 12 Nach dem gleichen Prinzip verfährt man mit mehratomigen Kationen, wenn sie Radikalen entsprechen, für die in 3.32 spezielle, auf „-yl" endigende Namen angeführt sind. Diese Radikal-Namen sollen also unverändert auch für die entsprechenden Kationen gebraucht werden.

Beispiele: NO^{+} Nitrosyl-Kation NO_2^{+} Nitryl-Kation

3. 13 Mehratomige Kationen, die aus einatomigen Kationen durch Addition anderer Ionen oder neutraler Atome oder Molekeln (Liganden) gebildet sind, werden als Komplexe betrachtet und entsprechend den in Abschnitt 7 angeführten Richtsätzen benannt.

Beispiele: $[Al(H_2O)_6]^{3+}$ Hexaquoaluminium-Ion
$[CoCl(NH_3)_5]^{2+}$ Chloropentamminkobalt(III)-Ion

Für einige wichtige mehratomige Kationen, die hierher gehören, können statt dessen auch die in 3.32 angeführten Radikal-Namen verwendet werden, z. B. für UO_2^{2+} der Name Uranyl(VI)-Ion an Stelle von Dioxouran(VI)-Ion.

3. 14 Leitet sich ein mehratomiges Kation von einem einatomigen Anion durch Addition von Protonen ab, so wird der Name des Kations in der Weise gebildet, daß man an die Wurzel des lateinischen Namens des anionischen Elements die Endung -onium anfügt.

Beispiele:
$[XH_4]^{+}$ Phosphonium-, Arsonium-, Stibonium-Ion (über $[NH_4]^{+}$ s. 3.151); $[XH_3]^{+}$ Oxonium-, Sulfonium-, Selenonium-, Telluronium-Ion; $[XH_2]^{+}$ Fluoronium-, Jodonium-Ion.

Organische Ionen, die sich durch Substitution von diesen einfachen Kationen herleiten, werden entsprechend benannt, gleichgültig, ob das einfache Kation selbst bekannt ist oder nicht. Z. B.: $[(CH_3)_4Sb]^{+}$ = Tetramethylstibonium-Ion.

[1] Die Vertreter Deutschlands, Österreichs und der Schweiz sind übereingekommen, daß zur Zeit gegen einen Gebrauch solcher eingebürgerter Namen für eine beschränkte Anzahl von Stoffen Einwendungen nicht erhoben werden sollen: iedoch verdienen die rationellen Namen den Vorzug.

Das Ion H_3O^+, das in Wirklichkeit ein einfach hydratisiertes Proton ist, wird als Oxonium-Ion bezeichnet, wenn man annimmt, daß es diese Zusammensetzung hat, wie z. B. in der Verbindung $[H_3O]^+[ClO_4]^-$, Oxonium-perchlorat. Der häufig gebrauchte Name „Hydronium" soll dann angewandt werden, wenn man keinen bestimmten Grad der Hydratation des Protons damit zum Ausdruck bringen will, wie z. B. in wäßrigen Lösungen. Ist die Hydratation in dem betrachteten Zusammenhang nicht von wesentlicher Bedeutung, so kann man den einfacheren Ausdruck „Wasserstoff-ion" benutzen. Diesen Ausdruck kann man auch für ein in unbestimmtem Grade solvatisiertes Proton in einem nichtwäßrigen Lösungsmittel verwenden. Dagegen werden definierte Ionen wie $[CH_3OH_2]^+$ und $[(CH_3)_2OH]^+$ als Abkömmlinge des Oxonium-Ions benannt, also als Methyl- bzw. Dimethyloxonium-Ion.

3.15 *Ionen der Stickstoff(anhydro)basen*

3.151 Der Name Ammonium für das Ion NH_4^+ steht nicht mit 3.14 in Einklang; er soll aber beibehalten werden. Hierdurch wird jedoch nicht das Wort „Nitronium" für anderweitigen Gebrauch verfügbar; denn dies würde zu Inkonsequenzen bei der Anwendung der Richtsätze auf andere Elemente führen.

3.152 Substituierte Ammoniumionen, die sich von Stickstoff(anhydro)basen mit der Endung -amin ableiten, erhalten Namen mit der Endung -ammonium. Z. B.: $[HONH_3]^+$ = Hydroxylammonium-Ion.

3.153 Wenn eine Stickstoff(anhydro)base einen Namen trägt, der anders als auf -amin endet, so wird der Name des Kations durch Anfügen der Endung -ium an den Namen der Anhydrobase gebildet.

Beispiele:

Hydrazinium, Anilinium, Glycinium, Pyridinium, Guanidinium, Imidazolium usw.

Die Namen Uronium und Thiouronium für die sich vom Harnstoff und Thioharnstoff ableitenden positiven Radikale können beibehalten werden, obgleich sie mit diesem Richtsatz nicht in Einklang stehen.

3.16 Kationen, die durch Anlagerung von Protonen an sonstige Molekeln gebildet werden, erhalten gleichfalls Namen, die durch Anfügen der Endung -ium an den Namen der Verbindung, an die das Proton angelagert ist, gebildet werden.

Beispiele: Dioxanium, Acetonium.

Wenn jedoch die Kationen durch Anlagerung von Protonen an *Säuren* gebildet werden, so wird ihr Name nicht von der Säure selbst hergleitet, sondern durch Anfügen des Wortes acidium an den Namen des der Säure entsprechenden Anions gebildet. Z. B.: $[H_2NO_3]^+$ = Nitratacidium-Ion; $[H_2NO_2]^+$ = Nitritacidium-Ion; $[CH_3COOH_2]^+$ = Acetatacidium-Ion. Falls aber das Anion der Säure einatomig ist, wird Richtsatz 3.14 angewandt; so ist z. B. $[FH_2]^+$ als Fluoronium-Ion zu bezeichnen.

3.17 Wenn sich von einer Stickstoffanhydrobase mehr als ein Kation ableitet, kann die Ladung das Kations im Namen so angegeben werden, wie das folgende Beispiel zeigt: $[N_2H_5]^+$ = Hydrazinium(1+)-Ion- und $[N_2H_6]^{2+}$ = Hydrazinium(2+)-Ion.

3.2 Anionen

3.21 Die Namen der einatomigen Anionen sollen durch Anhängen der Endung -id an den (gegebenenfalls abgekürzten) lateinischen Namen des Elements gebildet werden.

Beispiele:

H^-	Hydrid-Ion	O^{2-}	Oxid-Ion	N^{3-}	Nitrid-Ion
D^-	Deuterid-Ion	S^{2-}	Sulfid-Ion	P^{3-}	Phosphid-Ion
F^-	Fluorid-Ion	Se^{2-}	Selenid-Ion	As^{3-}	Arsenid-Ion
Cl^-	Chlorid-Ion	Te^{2-}	Tellurid-Ion	Sb^{3-}	Antimonid-Ion
Br^-	Bromid-Ion			C^{4-}	Carbid-Ion
J^-	Jodid-Ion			Si^{4-}	Silicid-Ion
				B^{3-}	Borid-Ion

Ausdrücke wie „Chlorion" findet man vornehmlich in Arbeiten über Kristallstrukturen und in der Spektrographie; die Komission empfiehlt, ausnahmlos die Endung -id zu verwenden, wenn die Ladung des Ions mit der oben angegebenen übereinstimmt.

3.22 *Mehratomige Anionen*

3.221 Gewisse mehratomige Anionen enden gleichfalls auf -id; dies sind:

OH^-	Hydroxid-Ion	N_3^-	Azid-Ion
O_2^{2-}	Peroxid-Ion	NH^{2-}	Imid-Ion
O_2^-	Hyperoxid-Ion	NH_2^-	Amid-Ion
O_3^-	Ozonid-Ion	$NHOH^-$	Hydroxylamid-Ion
S_2^{2-}	Disulfid-Ion	$N_2H_3^-$	Hydrazid-Ion
J_3^-	Trijodid-Ion	CN^-	Cyanid-Ion
JCl_2^-	Dichlorojodid-Ion	SCN^-	Rhodanid-Ion [1]
HF_2^-	Hydrogendifluorid-Ion	C_2^{2-}	Acetylid-Ion

Namen für andere Polysulfid-, Polyhalogenid- usw. -Ionen können in analoger Weise gebildet werden. Das OH^--Ion soll nicht „Hydroxyl-Ion" genannt werden. Der Name „Hydroxyl" ist auf die neutrale oder positiv geladene OH-Gruppe zu beschränken (vgl. 3.12 und 3.32); er ist also nur anzuwenden, wenn die OH-Gruppe in freiem Zustande oder als Substituent für Wasserstoff vorliegt. Beispiel: Hydroxylamin.

3.222 Ionen wie HS^- und HO_2^- werden Hydrogensulfid- bzw. Hydrogenperoxid-Ion genannt, in Einklang mit 6.2.

3.223 Die Namen für andere mehratomige Anionen sollen sich aus dem Namen des Zentralatoms und der Endung -at zusammensetzen, wie es für komplexe Anionen allgemein üblich ist. Die Oxydationsstufe des Zentralatoms wird dabei mit einer eingeklammerten römischen Ziffer hinter der Endung -at bezeichnet. Atome oder Gruppen, die an ein Zentralatom gebunden sind, sollen ganz allgemein als Liganden eines Komplexes behandelt werden (vgl. 2.24 und Abschnitt 7). Beispiele: $[Sb(OH)_6]^-$ = Hexahydroxoantimonat(V)-Ion, $[MnO_4]^{3-}$ = Manganat(V)-Ion, $[MnO_4]^{2-}$ = Manganat(VI)-Ion, $[MnO_4]^-$ = Manganat(VII)-Ion.

---

[1] Dieser Trivialname ist im deutschen Sprachgebiet üblich. Die rationelle Bezeichnung Thiocyanat-Ion ist jedoch vorzuziehen.

Entsprechend verfährt man auch dann, wenn die genaue Zusammensetzung des Anions nicht bekannt ist. Man kann z. B. sagen: Beim Lösen von Aluminiumhydroxid oder Zinkhydroxid in Natronlauge werden Aluminat- bzw. Zinkationen gebildet.

3.224 Es wäre zweckmäßig, Sauerstoff ebenso wie andere Liganden zu behandeln (2.24); es hat sich jedoch seit langem eingebürgert, den Namen dieses Elements in Anionen fortzulassen und seine Gegenwart und sein Mengenverhältnis dadurch anzugeben, daß man eine Reihe von Vorsilben (hypo-, per- usw., siehe Abschnitt 5) und manchmal auch die Endung „-it" statt „-at" verwendet.

Die Endung -it wird vielfach verwendet, um eine niedrigere Oxydationsstufe anzugeben. So gebildete Bezeichnungen können in den folgenden Fällen als Trivialnamen beibehalten werden:

NO_2^-	Nitrit	SO_3^{2-}	Sulfit
$N_2O_2^{2-}$	Hyponitrit	$S_2O_5^{2-}$	Disulfit (Pyrosulfit)
NOO_2^-	Peroxonitrit	$S_2O_4^{2-}$	Dithionit
PHO_3^{2-}	Phosphit	$S_2O_2^{2-}$	Thiosulfit
$P_2H_2O_5^{2-}$	Diphosphit (Pyrophosphit)	SeO_3^{2-}	Selenit
		ClO_2^-	Chlorit
$PH_2O_2^-$	Hypophosphit	ClO^-	Hypochlorit (entsprechend für die anderen Halogene)
AsO_3^{3-}	Arsenit		

Außer den hier aufgeführten noch andere solche Namen zu gebrauchen, empfiehlt sich nicht. Man hat zwar vielfach noch andere auf -it endende Namen gebraucht, z. B. Antimonit, Tellurit, Stannit, Plumbit, Ferrit, Manganit usw.; jedoch weiß man in vielen Fällen, daß es sich bei solchen Verbindungen im festen Zustande um Doppeloxide handelt. Diese sind als solche nach 6.5 zu benennen; z. B. $CuCrO_2$ = Kupfer(II)-chrom(III)-oxid, nicht: Kupferchromit. Wenn man aber Grund hat anzunehmen, daß ein definiertes Salz mit einem diskreten Anion vorliegt, so ist der Name im Einklang mit 2.24 und 3.223 zu bilden. Löst man z. B. Sb_2O_3, SnO oder PbO in Natronlauge, so bilden sich in der Lösung Antimonat(III)-, Stannat(II)- bzw. Plumbat(II)-Ionen.

Bezüglich des Gebrauchs der Vorsilben hypo, per usw. siehe die Tabelle der Säuren in 5.214. Alle neuen Verbindungen benennt man jedoch zweckmäßig nach den in 2.24, 3.223 und in den Abschnitten 5 und 7 gegebenen Richtsätzen. Auch für die in der obigen Tabelle aufgeführten Verbindungen sind die nach diesen Richtsätzen gebildeten rationellen Namen gegenüber den Trivialnamen vorzuziehen, insbesondere wenn es sich um weniger alltägliche Verbindungen handelt. Das Gleiche gilt für die Derivate der in der Tabelle zu 5.214 aufgeführten Säuren.

3.3 Radikale

3.31 Unter einem Radikal wird in diesen Richtsätzen eine in Verbindungen wiederholt vorkommende Atomgruppe verstanden. Eine solche kann in verschiedenen Verbindungen verschiedene Funktionen haben. Demgemäß sind für die gleiche Gruppe oft unterschiedliche Namen in Gebrauch. Die Kommission hält es für erwünscht, daß dies vermieden wird, und empfiehlt, daß man für alle neuen Radikale rationelle Namen verwendet und nicht dafür neue Trivialnamen einführt. In dem Verzeichnis am Ende der Richtsätze sind die wichtigsten Radikalnamen, die gegenwärtig in der anorganischen Chemie im Gebrauch sind, zusammengestellt.

3.32 Gewisse Radikale, die Sauerstoff oder andere Chalkogene enthalten, haben spezielle Namen, die auf „-yl" enden. Die Kommission billigt deren vorläufige Beibehaltung in den folgenden Fällen:

OH	Hydroxyl	SeO	Seleninyl	ClO	Chlorosyl
CO	Carbonyl	SeO_2	Selenyl (Selenonyl)	ClO_2	Chloryl
NO	Nitrosyl	CrO_2	Chromyl	ClO_3	Perchloryl
NO_2	Nitryl[1]	UO_2	Uranyl		(entsprechend
PO	Phosphoryl	NpO_2	Neptunyl		für andere
VO	Vanadyl	PuO_2	Plutonyl (entsprechend		Halogene)
SO	Thionyl (Sulfinyl)		für andere Actinide)		
SO_2	Sulfuryl (Sulfonyl)				
S_2O_5	Pyrosulfuryl				

Weitere Beispiele s. Verzeichnis der Namen für Ionen und Radikale am Schluß der Richtsätze.

Der Gebrauch von Thionyl und Sulfuryl sollte sich auf die Halogenide beschränken, Namen, wie die obigen, sollten nur bei solchen Verbindungen benutzt werden, in denen diese diskreten Atomgruppen vorhanden sind. Namen wie „Bismutyl" und „Antimonyl" werden nicht gebilligt, da die Verbindungen nicht abgegrenzte BiO- bzw. SbO-Gruppen enthalten. Die betreffenden Verbindungen sind als Oxidhalogenide zu bezeichnen. (6.4)

Radikale, die den obigen analog sind, aber an Stelle von Sauerstoff andere Chalkogene enthalten, werden durch Hinzufügen der Vorsilben thio, seleno usw. benannt; z. B. PS Thiophosphoryl, CSe Selenocarbonyl usw.

Haben Radikale gleicher Zusammensetzung verschiedene Ladung, so soll für die Angabe der Oxydationsstufe des charakteristischen Elements die Stocksche Bezeichnungsweise verwandt werden. So kann man unter „Uranylgruppe" das Ion UO_2^{2+} oder das Ion UO_2^+ verstehen. Sie können unterschieden werden als Uranyl(VI)- und Uranyl(V)-Ion. Ebenso kann es sich bei der VO-Gruppe um eine Vanadyl(V)-, eine Vanadyl(IV)- oder eine Vanadyl(III)-Gruppe handeln.

Die oben angeführten Radikale werden stets als der positive Bestandteil der betreffenden Verbindung behandelt.

Beispiele:		
	$COCl_2$	Carbonylchlorid
	NOS	Nitrosylsulfid
	PON	Phosphorylnitrid
	$PSCl_3$	Thiophosphorylchlorid
	POCl	Phosphoryl(III)-chlorid
	$NO_2HS_2O_7$	Nitryl-hydrogendisulfat
	S_2O_5ClF	Pyrosulfuryl-chloridfluorid
	$SO_2(N_3)_2$	Sulfurylazid (Sulfonylazid)
	SO_2NH	Sulfurylimid (Sulfonylimid)
	JO_2F	Jodylfluorid

[1] Den Namen Nitroxyl sollte man für diese Gruppe nicht verwenden, da der Name Nitroxylsäure zur Zeit noch für die Verbindung H_2NO_2 in Gebrauch ist; vgl. 5.214.

Dadurch, daß man ohne Rücksicht auf die oft unbekannte oder umstrittene Ladungsverteilung die gleichen Radikalnamen verwendet, erhält man Namen, die auch bei einem Wechsel der Anschauungen unumstritten feststehen. So ergeben sich z. B. für die Verbindungen $NOCl$ und $NOClO_4$ ganz eindeutig die Namen Nitrosylchlorid und Nitrosylperchlorat.

3.33 Es sei hier vermerkt, daß das gleiche Radikal in der anorganischen und in der organischen Chemie oft einen verschiedenen Namen hat. Um hierauf hinzuweisen, sind die Namen von Radikalen die in der organischen Chemie häufig als Substituenten auftreten, in das Verzeichnis der anorganischen Ionen und Radikale am Schluß dieser Richtsätze mit aufgenommen. Für Namen rein organischer Verbindungen – von denen viele für die Chemie der Koordinationsverbindungen (Abschnitt 7) von Bedeutung sind – gilt die Nomenklatur der organischen Chemie.

Die organisch-chemische Nomenklatur ist in großem Umfange auf dem Substitutionsprinzip aufgebaut, d. h. auf dem Austausch von Wasserstoff gegen andere Atome oder Atomgruppen. Derartige aus Substitutionen abgeleitete Namen sind in der anorganischen Chemie äußerst selten. Man verwendet sie beispielsweise in den folgenden Fällen: Die Verbindung NH_2Cl wird Chloramin genannt, und $NHCl_2$ Dichloramin. Diese Namen können mangels besserer Bezeichnungen beibehalten werden. Andere aus Substitutionen abgeleitete Namen sind Fluor- und Chlorsulfonsäure, Amidosulfonsäure, Imidosulfonsäure und Nitrilosulfonsäure. Diese Namen sollten besser durch die folgenden ersetzt werden:

HSO_3F	Fluoroschwefelsäure	HSO_3NH_2	Amidoschwefelsäure
HSO_3Cl	Chloroschwefelsäure	$(HSO_3)_2NH$	Imidobisschwefelsäure
		$(HSO_3)_3N$	Nitridotrisschwefelsäure

Namen wie Chloroschwefelsäure und Amidoschwefelsäure könnten an sich gleichfalls nach dem Substitutionsprinzip abgeleitet werden, nämlich aus der Substitution einer Hydroxylgruppe in der Schwefelsäure. Von einem tiefergehenden Standpunkte aus ergeben sich jedoch diese Namen gemäß 2.24 aus der Anlagerung von Hydroxyl-, Amid-, Imid- usw. -Gruppen zusammen mit Sauerstoffatomen an ein Schwefelatom; „-schwefelsäure" ist in diesem Zusammenhang als Abkürzung für „-trioxoschwefelsäure" gebraucht. Entsprechend sollten an Stelle der Namen Hydrazin- und Hydroxylaminosulfonsäure die Bezeichnungen Hydrazido- und Hydroxylamidoschwefelsäure gebraucht werden.

Abschnitt 4: Kristalline Phasen variabler Zusammensetzung

Substitutions- und Einlagerungsmischkristalle, intermetallische und andere nichtstöchiometrische Verbindungen.

4.1 Eine intermediäre kristalline Phase, die in einem aus zwei oder mehr Komponenten bestehenden System auftritt, kann dem Gesetz der konstanten Proportionen entsprechen, wie es beim Natriumchlorid der Fall ist, oder sie kann in ihrer Zusammensetzung in einem merklichen Umfange schwanken, wie es z. B. für FeS gilt. Einen Stoff, dessen Zusammensetzung derartige Schwankungen aufweist, nennt man eine *nichtdaltonide Verbindung* oder ein *Berthollid.*

Im Zusammenhang mit den nichtdaltoniden Verbindungen (Bertholliden) wird häufig der Begriff einer charakteristischen oder idealen Zusammensetzung gebraucht. Eine einheitliche Definition dieses Begriffes scheint zu fehlen. In manchen Fällen mag es geboten erscheinen, die Definition auf dem Gitterbau fußen zu lassen, in anderen Fällen auf dem Zahlenverhältnis der Valenzelektronen. Manchmal lassen sich mehrere charakteristische Zusammensetzungen angeben, und in anderen Fällen ist es unmöglich zu sagen, ob eine Phase einer charakteristischen Zusammensetzung entspricht oder nicht.

Ungeachtet dieser Schwierigkeiten scheint es, daß man die charakteristische Zusammensetzung in ihrer derzeitigen undefinierten Form verwenden kann, wenn man ein System der Bezeichnungsweise für Phasen variabler Zusammensetzung aufstellt. Es scheint auch dann möglich, den Begriff der charakteristischen Zusammensetzung zu verwenden, wenn diese nicht im Homogenitätsgebiet der Phase liegt.

4.2 Für nichtdaltonide Verbindungen sollte man hauptsächlich *Formeln* verwenden, da streng logische Namen hier oft sehr umständlich würden. Namen sollten nur dann verwendet werden, wenn es sich nicht vermeiden läßt (z.B. bei Inhaltsverzeichnissen); sie mögen dann etwa in der folgenden Art gebildet werden: Eisen(II)-sulfid (Eisenunterschuß) und Molybdändicarbid (Kohlenstoffüberschuß). Mineralogische Namen sollen nur für wirkliche Mineralien verwendet werden, nicht zur Bezeichnung einer chemischen Verbindung. So ist unter Kalkspat ein ganz bestimmtes Mineral zu verstehen; es ist nicht eine Bezeichnung für die chemische Verbindung, deren Zusammensetzung korrekt durch den Namen Calciumcarbonat angegeben wird. (Wohl aber können die Mineralnamen zur Bezeichnung des *Strukturtyps* verwandt werden; siehe 6.52).

4.3 Eine allgemeine Kennzeichnung von nichtdaltoniden Verbindungen, die auch dann angewendet werden kann, wenn nicht bekannt ist, worauf die Schwankung der Zusammensetzung beruht, ist die, daß man das Zeichen $\sim$ (gelesen: „ungefähr" oder „zirka") vor oder über die Formel setzt.

Beispiele: $\sim FeS$ $\widetilde{CuZn}$

Wenn erforderlich, kann die Richtung der Abweichung folgendermaßen angegeben werden:

$\sim FeS$ (Eisenunterschuß) $\sim MoC_2$ (Kohlenstoffüberschuß)

4.4 Bei einer Phase, deren veränderliche Zusammensetzung ganz oder teilweise durch Substitution bedingt ist, werden die Atome oder Atomgruppen, die sich gegenseitig vertreten, durch Kommata getrennt und gemeinsam in Klammern gesetzt.

Die Formel soll möglichst so geschrieben werden, daß die Grenzen des Homogenitätsbereichs daraus hervorgehen. Z. B. bedeutet (Cu,Ni) den ganzen Bereich vom reinen Kupfer bis zum reinen Nickel; entsprechend bedeutet K(Br,Cl) den gesamten Bereich vom KBr bis zum KCl. Ist nur von einem Teil des Homogenitätsbereichs die Rede, so wird der Hauptbestandteil vorangestellt.

Ist die Substitution mit dem Auftreten von Leerstellen verbunden (Kombination von Substitutions- und Einlagerungsmischkristallen), so wird eine analoge Bezeichnungsweise angewandt. So bedeutet z. B. $(Li_2,Mg)Cl_2$ die homogene Phase vom LiCl bis zum $MgCl_2$, bei der das Anionengitter erhalten bleibt, aber für jede Substitution von 2 Li^+ durch Mg^{++} eine Leerstelle im Kationengitter auftritt.

Die Formel $(Mg_3,Al_2)Al_6O_{12}$ bezeichnet die homogene Phase vom Spinell $MgAl_2O_4$ ($= Mg_3Al_6O_{12}$) bis zum γ-Al_2O_3 ($= Al_2Al_6O_{12}$).

Mischkristalle von CaF_2 mit YF_3, bei denen eine Kationensubstitution mit einer Einlagerung von F^- auf Zwischengitterplätzen verbunden ist, können durch die Formel $(Ca,YF)F_2$ gekennzeichnet werden. Es sei betont, daß sich diese Formel allein auf die Zusammensetzung bezieht und nicht bedeutet, daß YF^{2+}-Gruppen die Gitterplätze von Ca^{2+} einnehmen. Entsprechend läßt sich die Zusammensetzung von Plagioklas durch die Formel $(NaSi,CaAl)Si_2AlO_8$ wiedergeben.

4.5 Eine noch vollständigere Bezeichnungsweise, die bei komplizierteren Fällen immer gebraucht werden sollte, ergibt sich dadurch, daß man in einer Formel die Variabeln angibt, die die Zusammensetzung bestimmen. Hiernach wird eine Phase mit einfacher Substitution geschrieben: A_xB_{1-x}, z.B. Cu_xNi_{1-x} und KBr_xCl_{1-x}. Aus diesen Formeln ersieht man ohne weiteres, daß die Gesamtzahl der Atome in dem Gitter konstant ist. Kombinationen von Substitutions- und Einlagerungsmischkristallen können analog beschrieben werden, ebenso auch Kristalle mit zum Teil unbesetzten Gitterplätzen. Die Kommata und Klammern, von denen in 4.4 die Rede war, werden hierbei nicht benötigt.

So läßt sich z. B. die homogene Phase zwischen LiCl und $MgCl_2$ durch die Bezeichnung $Li_{2x}Mg_{1-x}Cl_2$ wiedergeben und die Phase zwischen $MgAl_2O_4$ und Al_2O_3 durch $Mg_{3x}Al_{2(1-x)}Al_6O_{12}$, aus der man ersieht, daß darin nicht mehr Mg enthalten sein kann, als der Zusammensetzung $MgAl_2O_4$ ($x = 1$) entspricht. Bei den anderen in 4.4 gebrachten Beispielen ergeben sich die Formeln $Ca_xY_{1-x}F_{3-x}$ und $Na_xCa_{1-x}Si_{2+x}Al_{2-x}O_8$. In der γ-Phase des Systems Ag-Cd, die die charakteristische Formel Ag_5Cd_8 hat, können sich die Ag- und Cd-Atome bis zu einem gewissen Umfang gegenseitig vertreten, und dies läßt sich durch die Formel $Ag_{5\pm x}Cd_{8\mp x}$ zum Ausdruck bringen.

Will man anzeigen, daß die Variable x nur kleine Werte annehmen kann, so ersetzt man x durch ε.

Beispiele: $Fe_{1-x}Sb$; $Fe_{1-x}O$; $Fe_{1-x}S$; $Cu_{2-\varepsilon}O$; $Na_{1-x}WO$ (Wolframbronze)

Für $x = 0$ bzw. $\varepsilon = 0$ stimmt jede dieser Formeln mit einer charakteristischen Zusammensetzung überein.

Entsprechend kann eine feste Lösung von Wasserstoff in Palladium als PdH_x geschrieben werden, und eine Phase der Zusammensetzung M, die eine wechselnde Menge Wasser gelöst enthält, kann man durch $M(H_2O)_x$ wiedergeben.

Bei Verwendung dieser Bezeichnungsweise kann eine bestimmte Zusammensetzung durch Angabe des ihr entsprechenden Wertes von x angezeigt werden. Am besten setzt man hierbei den Wert von x hinter die allgemeine Formel, z. B.:

$$Li_{4-x}Fe_{3x}Ti_{2(1-x)}O_6\ (x = 0.35).$$

Soll der Wert von x in die Formel selbst aufgenommen werden, so tritt der Charakter der Phase deutlicher in Erscheinung, wenn geschrieben wird:

$Li_{4-0.35}Fe_{3\times0.35}Ti_{2(1-0.35)}O_6$, als wenn man schreibt: $Li_{3,65}Fe_{1,05}Ti_{1,30}O_6$.

Abschnitt 5: Säuren

Viele Verbindungen, die heute gemäß manchen Definitionen als Säuren angesprochen werden, fallen nicht in den klassischen Bereich der Säuren. Auf anderen Gebieten der anorganischen Chemie verschwinden mehr und mehr die „funktionellen" Namen. Eigentlich wäre es am richtigsten, sie auch für die Verbindungen abzuschaffen, die man allgemein „Säuren" nennt. Die Namen für diese Säuren könnten dann gemäß Abschnitt 2 von den Namen der Anionen abgeleitet werden, z. B. „Hydrogen-sulfat" statt „Schwefelsäure". Jedoch ist die heute gebräuchliche Nomenklatur der Säuren im Verlauf einer langen Geschichte zu einer so feststehenden Gewohnheit geworden, daß es unmöglich ist, ohne drastische Änderung der Namen vieler wichtiger und altbekannter Verbindungen die Bezeichnungen der Säuren in ein strenges System zu bringen.

Die folgenden Richtsätze zielen darauf ab, gut brauchbare ältere Namen beizubehalten, jedoch zu versuchen, die weitere Entwicklung nach Gesichtspunkten zu lenken, die es ermöglichen, neue Verbindungen in rationellerer Weise zu benennen.

5.1 Binäre und pseudobinäre Säuren

Die rationellen Namen von Säuren, die Wasserstoffverbindungen von Nichtmetallen oder von gewissen einfachen Radikalen sind, bringen gemäß 3.21 und 3.221 zum Ausdruck, daß es sich um binäre Verbindungen des Wasserstoffs handelt, z. B. HCl Hydrogenchlorid, H_2S Hydrogensulfid, HCN Hydrogencyanid. Im Englischen und im Französischen werden in der Tat die Namen so gebildet.

Im Deutschen sind Namen üblich, die durch Nebeneinanderstellen der Bestandteile gebildet sind (Chlorwasserstoff, Cyanwasserstoff usw.). Gemäß dc Anmerkung zu 2.3 können diese Trivialnamen vorläufig beibehalten werden. Dem Namen der Verbindung kann der Ausdruck „Säure" angehängt werden; notwendig ist dies bei der Verbindung HN_3 (Stickstoffwasserstoffsäure).

5.2 Säuren, die sich von mehratomigen Anionen ableiten

Auch die Namen von Säuren, die sich von mehratomigen Anionen ableiten, könnten gemäß 5.1 gebildet werden, z. B. H_2SO_4 = Dihydrogensulfat, HNO_3 = Hydrogennitrat. Viele andere Säuren können als Koordinationsverbindungen angesehen und nach den für diese geltenden Richtsätzen benannt werden (vgl. 5.24).

Für viele Säuren mit mehratomigen Anionen gibt es aber althergebrachte Namen, die beispielsweise bei den Oxosäuren (Sauerstoffsäuren) häufig durch Anfügung des Wortes „Säure" an den Namen des charakteristischen Elements gebildet werden, z. B. Schwefelsäure, Chlorsäure. Säuren anderen Sauerstoffgehalts werden häufig durch End- oder Vorsilben (-ige, hypo-, per-) gekennzeichnet. Die Kommission glaubt, daß viele dieser althergebrachten Namen zunächst noch beibehalten werden können.

Ähnliche, nicht rationelle Namen werden gelegentlich auch für weniger alltägliche Säuren benutzt. In solchen Fällen sind aber die rationellen Namen vorzuziehen.

5.21 *Oxosäuren (Sauerstoffsäuren)*

Die Anzahl der in den Oxosäuren enthaltenen Sauerstoffatome pflegt man nicht besonders anzugeben. Vielmehr kennzeichnet man vielfach die niedrigere Oxydationsstufe durch „-ige“. Dies soll auf diejenigen Säuren beschränkt werden, die den in der Tabelle 3.224 aufgeführten, auf „-it“ endigenden Anionen entsprechen.

Weiterhin verwendet man zur Unterscheidung der Oxydationsstufen noch die Vorsilben Hypo- und Per-. Deren Verwendung soll auf die folgenden Fälle beschränkt bleiben.

5.211 Die zur Kennzeichnung einer niedrigeren Oxydationsstufe verwendete Vorsilbe „*hypo*“ kann noch in den folgenden Fällen benutzt werden:

$H_4B_2O_4$	Hypoborsäure
$H_2N_2O_2$	hyposalpetrige Säure
$H_4P_2O_6$	Hypophosphorsäure
HPH_2O_2	hypophosphorige Säure
HOCl	hypochlorige Säure (entspr. für die anderen Halogenverbindungen).

5.212 Die Vorsilbe „per-“, die man verwendet, um eine höhere Oxydationsstufe zu kennzeichnen, kann in Trivialnamen noch für $HClO_4$ (Perchlorsäure) und die entsprechenden Verbindungen anderer Elemente der VII. Familie des Periodensystems beibehalten werden.

Die Vorsilbe „per-“ darf nicht mit der Vorsilbe „peroxo-“ verwechselt werden (siehe 5.22).

5.213 Die Vorsilben „*meta-*“ und „*ortho-*“ hat man verwendet, um den unterschiedlichen „Wassergehalt“ zu kennzeichnen. Die folgenden Trivialnamen können gutgeheißen werden:

H_3BO_3	Orthoborsäure	$(HBO_2)_x$	Metaborsäure
H_4SiO_4	Orthokieselsäure	$(H_2SiO_3)_x$	Metakieselsäure
H_3PO_4	Orthophosphorsäure	$(HPO_3)_x$	Metaphosphorsäure
H_5JO_6	Orthoperjodsäure		
H_6TeO_6	Orthotellursäure		

Für die Säuren, die durch Wasserabspaltung aus der Orthoperjodsäure oder der Orthotellursäure erhalten werden, sollte man immer die rationellen Namen gebrauchen (z. B. HJO_4 Tetroxojod(VII)-säure).

Die Vorsilbe „*pyro-*“ hat man zur Kennzeichnung von Säuren gebraucht, die man sich aus zwei Molekeln Orthosäure durch Abspaltung einer Molekel Wasser entstanden denken kann. Solche Säuren kann man jetzt allgemein als die einfachsten Fälle von Isopolysäuren (7.4) ansehen. Die Kennzeichnung durch die Vorsilbe „*pyro-*“ kann man beibehalten für Pyroschwefelsäure, pyroschweflige Säure, Pyrophosphorsäure und pyrophosphorige Säure; aber auch in diesen Fällen ist die Vorsilbe „*di-*“ vorzuziehen.

5.214 Die Namen der Oxosäuren, deren Verwendung noch gebilligt wird, sind in der folgenden Tabelle zusammengestellt. Die Tabelle enthält auch die Namen einiger ihrer Peroxo- und Thioderivate (5.22 und 5.23).

H_3BO_3	Orthoborsäure oder Monoborsäure
$(HBO_2)_x$	Metaborsäure
$(HBO_2)_3$	Trimetaborsäure
$H_4B_2O_4$	Hypoborsäure
H_2CO_3	Kohlensäure
HOCN	Cyansäure

$HNCO$	Isocyansäure
$HONC$	Knallsäure
H_4SiO_4	Orthokieselsäure
$(H_2SiO_3)_x$	Metakieselsäure
HNO_3	Salpetersäure
HNO_4	Peroxosalpetersäure
HNO_2	salpetrige Säure
$HOONO$	peroxosalpetrige Säure
H_2NO_2	Nitroxylsäure
$H_2N_2O_2$	hyposalpetrige Säure
H_3PO_4	(Ortho)phosphorsäure
$H_4P_2O_7$	Diphosphorsäure oder Pyrophosphorsäure
$H_5P_3O_{10}$	Triphosphorsäure
$H_{n+2}P_nO_{3n+1}$	Polyphosphorsäuren
$(HPO_3)_x$	Metaphosphorsäure
$(HPO_3)_3$	Trimetaphosphorsäure
$(HPO_3)_4$	Tetrametaphosphorsäure
H_3PO_5	Peroxo(mono)phosphorsäure
$H_4P_2O_8$	Peroxodiphosphorsäure
$(HO)_2OP-PO(OH)_2$	Hypophosphorsäure
$(HO)HOP-O-PO(OH)_2$	Diphosphor(III,V)-säure
H_2PHO_3	phosphorige Säure
$H_4P_2O_5$	diphosphorige oder pyrophosphorige Säure
HPH_2O_2	hyposphosphorige Säure
H_3AsO_4	Arsensäure
H_3AsO_3	arsenige Säure
$HSb(OH)_6$	Hexahydroxoantimonsäure
H_2SO_4	Schwefelsäure
$H_2S_2O_7$	Dischwefelsäure oder Pyroschwefelsäure
H_2SO_5	Peroxo(mono)schwefelsäure
$H_2S_2O_8$	Peroxodischwefelsäure
$H_2S_2O_3$	Thioschwefelsäure
$H_2S_2O_6$	Dithionsäure
H_2SO_3	schweflige Säure
$H_2S_2O_5$	dischweflige oder pyroschweflige Säure
H_2SO_2	Sulfoxylsäure
$H_2S_2O_4$	dithionige Säure
$H_2S_nO_6$	(n = 3,4,...) Polythionsäuren
H_2SeO_4	Selensäure
H_2SeO_3	selenige Säure
H_6TeO_6	(Ortho)tellursäure
H_2CrO_4	Chromsäure
$H_2Cr_2O_7$	Dichromsäure
H_2MoO_4	Molybdänsäure
$HClO_4$	Perchlorsäure
$HClO_3$	Chlorsäure
$HClO_2$	chlorige Säure
$HClO$	hypochlorige Säure
$HBrO_3$	Bromsäure

$HBrO_2$	bromige Säure
$HBrO$	hypobromige Säure
H_5JO_6	(Ortho)perjodsäure
HJO_3	Jodsäure
HJO	hypojodige Säure
$HMnO_4$	Permangansäure
H_2MnO_4	Mangansäure
$HTcO_4$	Pertechnetiumsäure
H_2TcO_4	Technetiumsäure
$HReO_4$	Perrheniumsäure
H_2ReO_4	Rheniumsäure

In der voranstehenden Tabelle sind nicht nur Säuren angeführt, die in freiem Zustande bekannt sind, sondern auch solche, bei denen dies nicht der Fall ist.

Für manche der in die Tabelle aufgenommenen Säuren verdienen die rationellen Namen durchaus den Vorzug; z. B.:

H_2MnO_4	Mangan(VI)-säure	zur Unterscheidung von H_3MnO_4, Mangan(V)-säure
$HReO_4$	Tetroxorhenium(VII)-säure	zur Unterscheidung von H_3ReO_5, Pentoxorhenium(VII)-säure
H_2ReO_4	Tetroxorhenium(VI)-säure	zur Unterscheidung von $HReO_3$, Trioxorhenium(V)-säure, von H_3ReO_4, Tetroxorhenium(V)-säure und von $H_4Re_2O_7$, Heptoxodirhenium(V)-säure.

Auch nennt man die Verbindung H_2NO_2 besser Dioxonitrogen(II)-säure statt Nitroxylsäure.

Solchen Säuren, wie HNO, $H_2N_2O_3$, $H_2N_2O_4$ (von denen Salze beschrieben worden sind), sollte man keine Trivialnamen geben. Die rationellen Namen ihrer Salze sind: Oxonitrate(I), Trioxodinitrate(II), Tetroxodinitrate(III).

Die Namen Germaniumsäure, Zinnsäure, Antimonsäure, Wismutsäure, Vanadinsäure, Niobsäure, Tantalsäure, Wolframsäure und Uransäure können für Stoffe mit unbestimmtem „Wassergehalt" und unbestimmtem Polymerisationsgrad verwendet werden.

5.22 *Peroxosäuren*

Die Vorsilbe „Peroxo-" in Verbindung mit einem Trivialnamen zeigt die Substitution von $-O-$ durch $-O-O-$ in der Säure an (vgl. 7.212).

Beispiele:

HNO_4	Peroxosalpetersäure
H_3PO_5	Peroxophosphorsäure
$H_4P_2O_8$	Peroxodiphosphorsäure
H_2SO_5	Peroxoschwefelsäure
$H_2S_2O_8$	Peroxodischwefelsäure

5.23 *Thiosäuren*

Säuren, die sich von Oxosäuren dadurch ableiten, daß Sauerstoff durch Schwefel substituiert ist, nennt man Thiosäuren (vgl. 7.212).

Beispiele:

$H_2S_2O_3$	Thioschwefelsäure
HSCN	Thiocyansäure

Können mehrere Sauerstoffatome durch Schwefel ersetzt werden, so wird die Anzahl der Schwefelatome grundsätzlich angegeben:

H_3PO_3S	Monothiophosphorsäure
$H_3PO_2S_2$	Dithiophosphorsäure
H_2CS_3	Trithiokohlensäure
H_3AsS_3	trithioarsenige Säure
H_3AsS_4	Tetrathioarsensäure.

Entsprechend können die Vorsilben „seleno" und „telluro" verwandt werden.

5.24 *Chlorosäuren usw.*

Säuren, die andere Liganden als Sauerstoff und Schwefel enthalten, werden durchweg gemäß den Richtsätzen in Abschnitt 7 benannt.

Beispiele:	$HAuCl_4$	Tetrachlorogold(III)-säure
	H_2PtCl_4	Tetrachloroplatin(II)-säure
	H_2PtCl_6	Hexachloroplatin(IV)-säure
	$H_4Fe(CN)_6$	Hexacyanoeisen(II)-säure
	$H[PHO_2F]$	Hydridodioxofluorophosphorsäure
	HPF_6	Hexafluorophosphorsäure
	H_2SiF_6	Hexafluorokieselsäure
	H_2SnCl_6	Hexachlorozinn(IV)-säure
	HBF_4	Tetrafluoroborsäure
	$H[B(OH)_2F_2]$	Dihydroxodifluoroborsäure
	$H[B(C_6H_5)_4]$	Tetraphenylborsäure

Für einige der wichtigsten Säuren dieses Typus können auch abgekürzte Namen verwendet werden, z. B. Chloroplatinsäure, Fluorokieselsäure usw.

5.3 Funktionelle Derivate der Säuren

Hierunter sind Verbindungen zu verstehen, die sich von den Säuren durch Substitution von OH (manchmal auch O) durch andere Gruppen ableiten. In diesem Grenzgebiet zwischen organischer und anorganischer Chemie herrscht gegenwärtig die organisch-chemische Nomenklatur vor.

5.31 *Säurehalogenide*

Die Namen der Säurehalogenide werden von dem entsprechenden Säureradikal abgeleitet, wenn dieses einen besonderen Namen hat, z. B. Sulfurylchlorid, Phosphorylchlorid (s. 3.32).

In sonstigen Fällen werden diese Verbindungen als Oxidhalogenide, entsprechend 6.41, benannt; z. B. MoO_2Cl_2 Molybdän-dioxiddichlorid.

5.32 *Säureanhydride*

Anhydride anorganischer Säuren sollen in ihren Namen allgemein als Oxide bezeichnet werden; z. B. N_2O_5 = Distickstoffpentoxid, nicht: Salpetersäureanhydrid.

5.33 *Ester*

Ester anorganischer Säuren können entsprechend wie Salze benannt werden, z. B.: Dimethylsulfat, Diäthylhydrogenphosphat.

Im Deutschen sind daneben „funktionelle“ Bezeichnungen im Gebrauch, wie Schwefelsäuredimethylester, Phosphorsäurediäthylester.

Soll ausdrücklich die Konstitution der Verbindung zum Ausdruck gebracht werden, so sind Namen zu verwenden, die mit den Richtsätzen für die Benennung der Koordinationsverbindungen in Einklang stehen.

Beispiele: $POF(OCH_3)_2$	=	Oxofluorodimethoxo-phosphor oder Dimethyl-fluorophosphat oder Fluorophosphorsäure-dimethylester
$[Fe(CN)_2(CH_3 \cdot NC)_4]$	=	Dicyano-tetrakis(methylisocyanid)-eisen(II)

5. 34 *Säureamide*

Die Amide können in der Weise benannt werden, daß man die Endung -amid entweder an den Namen der Säure oder an den des Säureradikals anhängt.

Beispiele: $SO_2(NH_2)_2$	Schwefelsäurediamid oder Sulfuryldiamid
$PO(NH_2)_3$	Phosphorsäuretriamid oder Phosphoryltriamid

Sind nicht alle Hydroxylgruppen der Säure durch NH_2-Gruppen ersetzt, so können Namen der folgenden Art gebraucht werden:

NH_2SO_3H	Amidoschwefelsäure oder Sulfamidsäure
$NH_2PO(OH)_2$	Amidophosphorsäure oder Phosphoramidsäure
$(NH_2)_2PO(OH)$	Diamidophosphorsäure oder Phosphordiamidsäure.

Die an erster Stelle aufgeführten Namen sind vorzuziehen, da sie sich ohne weiteres aus den für die Benennung von Komplexen geltenden Richtsätzen ergeben.

Vielfach sind abgekürzte Namen, wie Sulfamid, Phosphamid usw. in Gebrauch; diese werden aber nicht empfohlen.

5. 35 *Nitrile*

Die Endung nitril ist für anorganische Verbindungen nur vereinzelt in Gebrauch; z. B. $(PNCl_2)_3$ trimeres Phosphornitrilchlorid. Derartige Verbindungen können jedoch entsprechend 2.22 als Nitride bezeichnet werden; z. B. Phosphornitriddichlorid. Es besteht darum keine Veranlassung, den Namen Nitril (und Nitrilo, vgl. 3.33) in der anorganischen Chemie beizubehalten.

Abschnitt 6: Salze und salzartige Verbindungen

Gerade bei den Salzen gibt es manche Namen, die veraltet und irreführend sind. Die Kommission wünscht nachdrücklich, daß man solche Namen, die nicht mit diesen Richtsätzen in Einklang stehen, beseitigt.

6. 1 Einfache Salze

Einfache Salze fallen in das große Gebiet der binären Verbindungen, das in Abschnitt 2 behandelt wurde. Gemäß den dort gegebenen Richtsätzen werden sie nach den sie bildenden Ionen (Abschnitt 3) benannt.

6.2 Salze, die Säurewasserstoff enthalten (sog. „saure Salze“[1])

Zur Angabe des in der Verbindung vorhandenen abdissoziierbaren Wasserstoffs wird unmittelbar vor den Namen des Anions das Wort „hydrogen“ gesetzt.

Nichtionogen gebundener Wasserstoff, wie er z. B. im Phosphit-Ion vorliegt, ist bei Verwendung des Trivialnamens für das Anion bereits durch diesen berücksichtigt. Demgemäß wird er in dem Namen eines Salzes nicht eigens angeführt, wenn man für dessen Anion den Trivialnamen verwendet (z. B. Na_2PHO_3 Natriumphosphit, nicht: Natriumhydrogenphosphit). (Über die Bezeichnung des nichtionogen gebundenen Wasserstoffs in den rationellen Namen von Anionen siehe 6.324).

Beispiele:	$NaHCO_3$	Natriumhydrogencarbonat
	NaH_2PO_4	Natriumdihydrogenphosphat
	$NaH[PHO_3]$	Natriumhydrogenphosphit

6.3 Doppelsalze, Tripelsalze usw.

6.31 In den Namen und Formeln sollen alle Kationen vor den Anionen stehen. Die Bildung der Namen erfolgt gemäß den Richtsätzen von Abschnitt 2.

6.32 *Kationen*

6.321 Die Kationen (ausgenommen „Hydrogen“, vgl. 6.2 und 6.324) werden in der Reihenfolge zunehmender Wertigkeit angeführt.

6.322 Kationen gleicher Wertigkeit werden nach abnehmenden Ordnungszahlen geordnet; dabei stehen mehratomige Radikale (z. B. Ammonium) am Ende der betreffenden Wertigkeitsgruppe.

6.323 *Hydratisierte Kationen.* Wegen des häufigen Vorkommens hydratisierter Kationen (von denen viele in Wirklichkeit Komplexe sind) wird die Hydration für die Reihenfolge nicht berücksichtigt. Dies gilt auch dann, wenn auf die Anwesenheit eines speziellen hydratisierten Kations ausdrücklich hingewiesen wird, indem man dem Namen des einfachen Ions z. B. das Wort „Hexaquo“ oder „Tetraquo“ voranstellt. Von dieser Ausnahme abgesehen, sollen jedoch alle komplexen Ionen hinter die Namen der einfachen Ionen in der betreffenden Wertigkeitsgruppe gestellt werden.

Über die Benennung wasserhaltiger Salze, wenn diese als Additionsverbindungen formuliert werden, siehe Abschnitt 8.

6.324 *Säurewasserstoff:* Das Wort „Hydrogen“ soll unter den Kationen immer an letzter Stelle angeführt werden (vgl. 6.2).

Wasserstoff der an das Zentralatom eines Anions nichtionogen gebunden ist, wird in dem rationellen Namen des Anions wie ein anionischer Ligand in einem Komplexion behandelt und gemäß 7.151 in dem Namen des Anions an erster Stelle angeführt. Bei Salzen, die nur *ein* Anion enthalten, steht also der Wasserstoff im Namen an der gleichen Stelle, unabhängig davon, ob er ionogen oder nichtionogen gebunden ist. Im letzteren Falle wird er nicht mit „hydrogen“, sondern, wenn er überhaupt genannt wird (vgl. 6.2), mit „hydrido“ bezeichnet (7.211).

---

[1] Über „basische Salze“ siehe 6.4.

Über die Stellung des Wasserstoffs in den Namen von Salzen mit mehreren Anionen siehe 6.333.

Beispiele:

$KMgF_3$	Kaliummagnesiumfluorid
$TlNa(NO_3)_2$	Thallium(I)-natriumnitrat
$KNaCO_3$	Kaliumnatriumcarbonat
$NH_4MgPO_4 \cdot 6H_2O$	Ammoniummagnesiumphosphat-hexahydrat
$NaZn(UO_2)_3(C_2H_3O_2)_9 \cdot 6H_2O$	Natriumzinktriuranylacetat-hexahydrat
$Na[Zn(H_2O)_6](UO_2)_3(C_2H_3O_2)_9$	Natrium-hexaquozink-triuranyl-acetat
$Na[NH_4]HPO_4 \cdot 4H_2O$	Natriumammoniumhydrogenphosphat-tetrahydrat
$NaH[PHO_3]$	Natriumhydrogenphosphit oder Natriumhydrogen hydridotrioxophosphat(III)

6.33 *Anionen*

6.331 Anionen sollen in der Reihenfolge der folgenden Gruppen, unter die sie fallen, aufgeführt werden.

1. H^-;
2. O^{2-} und OH^- (in dieser Reihenfolge);
3. einfache (d. h. aus einem Element bestehende) Anionen, außer H^- und O^{2-};
4. anorganische Anionen, die aus zwei oder mehr Elementen aufgebaut sind, außer OH^-;
5. Anionen organischer Säuren und sonstiger organischer Stoffe, die eine Säurefunktion haben.

6.332 Innerhalb der *Gruppe 3* sollen die Ionen in der unter 2.16 gegebenen Ordnung angeführt werden. Die Stellung, die O hiernach hat, gilt für alle nur aus Sauerstoff bestehenden Anionen mit Ausnahme von O^{2-} (d. h. sie gilt für $O_2{}^{2-}$ usw.).

Innerhalb der *Gruppe 4* sollen diejenigen Anionen zuerst genannt werden, die die kleinste Anzahl von Atomen enthalten. Falls zwei Anionen mit der gleichen Anzahl von Atomen vorliegen, sollen sie nach fallender Ordnungszahl ihrer Zentralatome geordnet werden. So soll $CrO_4{}^{2-}$ vor $SO_4{}^{2-}$ und dieses vor $SiO_4{}^{4-}$ stehen.

Innerhalb der *Gruppe 5* wird eine alphabetische Reihenfolge der Anionen empfohlen.

6.333 Säurewasserstoff soll zusammen mit dem Anion genannt werden, an das er gebunden ist. Wenn man nicht weiß, an welches Anion er gebunden ist, soll er unter den Kationen an letzter Stelle angeführt werden.

6.334 Die zweckmäßigste Art, die mengenmäßige Zusammensetzung im Namen zu kennzeichnen, ist die Angabe des Zahlenverhältnisses. Es ist aber nicht immer erforderlich, bei allen Anionen ihre Anzahl anzugeben, vorausgesetzt, daß die Wertigkeiten aller Kationen entweder bekannt sind oder angegeben werden.

Beispiele:

$NaCl \cdot NaF \cdot 2Na_2SO_4$ oder $Na_6ClF(SO_4)_2$	Hexanatrium-chloridfluorid-bis(sulfat)
$Ca_5F(PO_4)_3$	Pentacalcium-fluoridphosphat oder Calcium-fluorid-tris(phosphat)

In dem ersten Beispiel kann das Zahlwort Hexa weggelassen werden. Die Verwendung von Multiplikativzahlen für die Angabe der SO_4- bzw. PO_4-Gruppen ist aus dem Grunde erforderlich, weil unter Disulfaten und Triphosphaten Salze der Isopolysäuren $H_2S_2O_7$ und $H_5P_3O_{10}$ zu verstehen sind.

6.4 Oxid- und Hydroxidsalze

(sog. „basische Salze", früher auch Oxy- und Hydroxysalze genannt)

6.41 Bei der Bildung von Namen sollen diese Verbindungen wie Doppelsalze behandelt werden, in denen O^{2-}- und OH^--Anionen vorliegen. Demgemäß findet auf sie der Abschnitt 6.3 Anwendung.

6.42 Im Englischen und Deutschen und in verwandten Sprachen bereitet die Angabe sämtlicher einzelnen Anionennamen keine Schwierigkeit (z. B. copper oxide chloride, Kupfer-oxid-chlorid), und es wird dringend empfohlen, in diesen Sprachen die „Oxy"- und „Hydroxy"-Form ganz fallen zu lassen. In den romanischen Sprachen jedoch sind Namen wie „oxide et chlorure double de cuivre" schwer verwendbar; in solchen Fällen mag die im Gebrauch befindliche Bezeichnungsweise unter Verwendung von „oxy"- und „hydroxy-" beibehalten werden (z. B. oxychlorure de cuivre).

Beispiele:	$Mg(OH)Cl$	Magnesium-hydroxidchlorid
	$BiOCl$	Wismut-oxidchlorid
	$LaOF$	Lanthan-oxidfluorid
	$VOSO_4$	Vanadin(IV)-oxidsulfat
$CuCl_2 \cdot 3Cu(OH)_2$ oder	$Cu_2(OH)_3Cl$	Dikupfer-trihydroxidchlorid
	$ZrOCl_2 \cdot 8H_2O$	Zirkonium-oxidchlorid-oktahydrat

6.5 Doppeloxide und -hydroxide

Die Ausdrücke „gemischte Oxide" oder „gemischte Hydroxide" werden nicht empfohlen; die Verbindungen sollen vielmehr als Doppel-, Tripel- usw. -oxide bzw. -hydroxide bezeichnet werden.

Die Doppeloxide und -hydroxide bilden verschiedene bestimmte Gruppen, von denen jede einem eigenen, charakteristischen Strukturtyp angehört. Dieser wird häufig nach einem bekannten Mineral benannt, das zu dieser Gruppe gehört (z. B. Perowskit, Ilmenit, Spinell usw.). So haben $NaNbO_3$, $CaTiO_3$, $CaCrO_3$, $CuSnO_3$, $YAlO_3$, $LaAlO_3$ und $LaGaO_3$ alle die gleiche Struktur wie Perowskit, $CaTiO_3$. Namen wie Calciumtitanat können zu falschen Folgerungen führen; darum sollten solche Verbindungen besser als Doppeloxide und Doppelhydroxide benannt werden, wenn nicht klar und eindeutig bewiesen ist, daß neben Kationen definierte Oxo- oder Hydroxo-Anionen in der Struktur vorliegen. Dies bedeutet nicht, daß Namen wie „Titanate" oder „Aluminate" vollständig fallengelassen werden sollen; denn derartige Stoffe mögen vielleicht in Lösung oder auch im festen Zustande tatsächlich existieren (vgl. 3.223).

6.51 In den Doppeloxiden und -hydroxiden sollen die Metalle in der gleichen Reihenfolge genannt werden wie in den Doppelsalzen (6.32).

6.52 Gegebenenfalls kann man den Strukturtyp in Klammern hinter den Namen setzen. Dies soll im allgemeinen in Kursivschrift geschehen; ist jedoch der Typenname gleichzeitig der mineralogische Name des betreffenden Stoffes, so ist er in gewöhnlicher Schrift zu setzen.

Beispiele:	$NaNbO_3$	Natriumniobtrioxid (*Perowskit*-Typ)
	$MgTiO_3$	Magnesiumtitantrioxid (*Ilmenit*-Typ)
	$FeTiO_3$	Eisen(II)-titantrioxid (Ilmenit)
$4CaO \cdot Al_2O_3 \cdot xH_2O$ oder	$Ca_2Al(OH)_7 \cdot xH_2O$	Dicalciumaluminiumhydroxid-hydrat
aber:	$Ca_3[Al(OH)_6]_2$	Tricalcium-bis(hexahydroxoaluminat)
$LiAl(OH)_4 \cdot 2MnO_2$ oder	$LiAlMn^{IV}{}_2O_4(OH)_4$	Lithium-aluminium-dimangan(IV)-tetroxid-hydroxid

Abschnitt 7: Koordinationsverbindungen und Komplexe

Für das Folgende soll jede Verbindung, die durch Anlagerung von ein oder mehreren Molekeln oder Ionen an ein oder mehrere Zentralatome oder -Ionen gebildet wird, als Komplexverbindung behandelt werden (vgl. 2.24; betreffs Additionsverbindungen s. Abschnitt 8). Somit können viele einfache und bekannte Verbindungen nach den gleichen Richtsätzen benannt werden wie andere, für die die Nomenklatur der Komplexverbindungen seit langem in Gebrauch ist. So werden Verschiedenheiten bescitigt und strittige Benennungen vermieden. Es sei aber ausdrücklich gesagt, daß die Kommission nicht behaupten will, die einfacheren Verbindungen müßten, weil sie sich nach den gleichen Richtsätzen benennen lassen wie die Komplexverbindungen, diesen notwendigerweise auch strukturell völlig analog sein.

7.1 Allgemeines über Formeln und Namen für Komplexverbindungen

7.11 *Zentralatome*

In *Formeln* von Komplexen soll das Symbol des Zentralatoms *zuerst* geschrieben werden (ausgenommen, wenn die Formel genauer den Bau im einzelnen wiedergibt). Anschließend werden die anionischen und die neutralen Liganden aufgeführt, in der in 7.15 angegebenen Reihenfolge. Die Formel des gesamten Komplexes wird in eckige Klammern gesetzt.

Im *Namen* wird das Zentralatom *hinter* die Liganden gestellt.

7.12 *Bezeichnung der Oxydationsstufe (Wertigkeit) und des Mengenverhältnisses der Bestandteile*

Die Oxydationsstufe des Zentralatoms wird nach der STOCKschen Bezeichnungsweise angegeben (2.252). Statt dessen kann auch das Mengenverhältnis der Bestandteile durch Zahlwörter angegeben werden (2.251).

7.13 Formeln und Namen können durch die Vorsilben cis, trans usw. (2.19) ergänzt werden.

7.14 *Endungen*

Komplexe Anionen sollen regelmäßig die Endung -at erhalten (vgl. 2.23, 2.24 und 3.223). Komplexe Kationen und Neutralteile erhalten keine sie unterscheidenden Endungen.

Über nähere Einzelheiten der Namen von Liganden siehe 7.2.

7.15 *Reihenfolge, in der die Liganden in einem Komplex aufzuführen sind:*

zuerst: anionische Liganden
anschließend: neutrale und kationische Liganden.

7.151 Die *anionischen Liganden* sollen in folgender Reihenfolge genannt werden:

1. H^-
2. O^{2-}, OH^- (in dieser Folge)
3. andere einfache (d. h. aus einem Element bestehende) Anionen
4. aus verschiedenen Elementen bestehende Anionen
5. organische Anionen.

Die Reihenfolge innerhalb der Gruppen 3, 4 und 5 soll mit der in 6.332 angegebenen übereinstimmen.

7.152 *Neutrale und kationische Liganden* sollen in folgender Reihenfolge genannt werden:

zuerst: Wasser, Ammoniak (in dieser Folge);

dann: andere anorganische Liganden in der Reihenfolge, in der die koordinativ gebundenen Elemente in 2.16 aufgeführt sind;

zuletzt: organische Liganden (alphabetische Reihenfolge empfohlen).

7.2 Namen für Liganden

7.21 *Anionische Liganden*

7.211 Die Namen für anionische Liganden, gleich ob es sich um anorganische oder organische handelt, enden auf -o (siehe jedoch 7.224). Endet der Name des Anions auf -id,-it oder -at, so wird das o angehängt (-ido, -ito, -ato).

Beispiele:

$Li[AlH_4]$	Lithium-tetrahydridoaluminat
$Na[BH_4]$	Natrium-tetrahydridoborat
$K_2[OsNCl_5]$	Kalium-nitridopentachloroosmat(VI)
$[Co(NH_2)_2(NH_3)_4]OC_2H_5$	Diamidotetramminkobalt(III)-äthylat
$[Co(N_3)(NH_3)_5]SO_4$	Azidopentamminkobalt(III)-sulfat
$Na_3[Ag(S_2O_3)_2]$	Natrium-bis(thiosulfato)argentat(I)
$[Ru(HSO_3)_2(NH_3)_4]$	Bis(hydrogensulfito)tetrammin-ruthen(II)
$NH_4[Cr(SCN)_4(NH_3)_2]$	Ammonium-tetrathiocyanatodiamminchromat(III) oder Ammonium-tetrarhodanodiamminchromat(III) (vgl. 7.212)

7.212 Die folgenden Anionen folgen nicht genau der obigen Regel; hier haben sich abgewandelte Formen eingebürgert:

F^-	Fluorid	fluoro- (*nicht* fluo-)
Cl^-	Chlorid	chloro-
Br^-	Bromid	bromo-
J^-	Jodid	jodo-
O^{2-}	Oxid	oxo-
OH^-	Hydroxid	hydroxo-
O_2^{2-}	Peroxid	peroxo-
S^{2-}	Sulfid	thio-[1]
HS^-	Hydrogensulfid	thiolo-
(aber: S_2^{2-}	Disulfid	disulfido-)
CN^-	Cyanid	cyano-
SCN^-	Rhodanid (Thiocyanat)	rhodano- (thiocyanato-).

In Analogie mit „hydroxo“ heißen: Gruppen wie CH_3O^- usw. „methoxo“ usw. Für Gruppen wie CH_3S^- können statt „methylmercapto-“ auch systematische Namen. also „methanthiolato“ benutzt werden.

Beispiele:

$K[AgF_4]$	Kalium-tetrafluoroargentat(III)
$K_2[NiF_6]$	Kalium-hexafluoroniccolat(IV)
$Ba[BrF_4]_2$	Bariumtetrafluorobromat(III)
$Na[AlCl_4]$	Natrium-tetrachloroaluminat
$Cs[JCl_4]$	Cäsium-tetrachlorojodat(III)

---

[1] Der Name „thio“ wird seit langem zur Bezeichnung des Liganden S^{2-} gebraucht, wenn dieser als Substituent für O^{2-} in Oxosäuren oder deren Anionen betrachtet werden kann. Durch allgemeinen Gebrauch dieses Namens (statt „sulfido“) läßt es sich verhindern, daß man die Bezeichnung „disulfido“ für S_2^{2-} mit der für zwei S^{2-} -Liganden verwechselt.

$K[Au(OH)_4]$	Kalium-tetrahydroxoaurat(III)
$K[CrOF_4]$	Kalium-oxotetrafluorochromat(V)
$K_2[CrO_2(O_2)(CN)_2(NH_3)]$	Kalium-dioxoperoxodicyanoamminchromat(VI)
$Na[BH(OCH_3)_3]$	Natrium-hydridotrimethoxoborat
$K_2[Fe_2S_2(NO)_4]$	Dikalium-dithiotetranitrosyldiferrat (vgl. 7.22)

7.213 Solche Liganden, die sich von organischen Verbindungen ableiten, die man normalerweise nicht als Säuren anspricht, die aber, wenn sie in Komplexe unter Verlust eines Protons eintreten, als solche fungieren, sollen wie Anionen behandelt werden und die Endung -ato erhalten. Ist jedoch kein Proton abgespalten, so muß der Ligand als Neutralteil behandelt werden; siehe 7.22.

Beispiele:

$[Ni(C_4H_7O_2N_2)_2]$	Bis(dimethylglyoximato)-nickel(II)
$[Cu(C_5H_7O_2)_2]$	Bis(acetylacetonato)-kupfer(II)

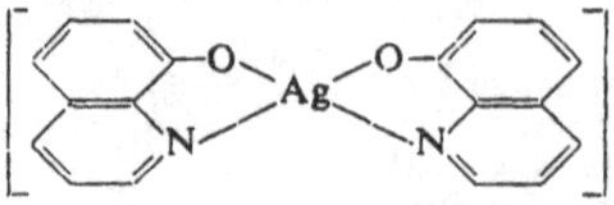

Bis(8-hydroxychinolinato)-silber(II)

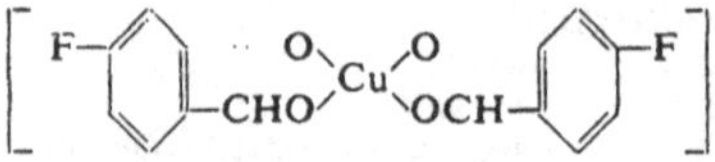

Bis(4-fluorsalicylaldehydato)-kupfer(II)

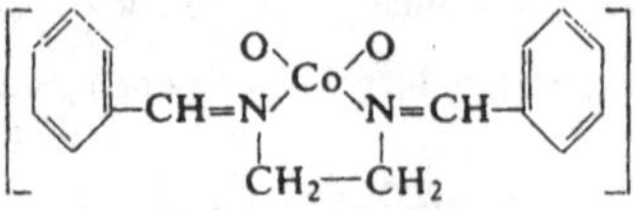

N,N'-äthylen-bis(salicylideniminato)-kobalt(II)

7.22 *Neutrale und katonische Liganden*

7.221 Der Name einer koordinativ gebundenen neutralen Molekel oder eines entsprechend gebundenen Kations wird unverändert gelassen mit Ausnahme der besonderen Fälle, die in 7.222 angegeben sind.

Beispiele:

$[CoCl_2(C_4H_8O_2N_2)_2]$	Dichloro-bis(dimethylglyoxim)-kobalt(II) (vgl. die in 7.213 angeführte Nickelverbindung)
cis-$[PtCl_2(Äth_3P)_2]$	*cis*-Dichloro-bis(triäthylphosphin)-platin(II)
$[CuCl_2(CH_3NH_2)_2]$	Dichloro-bis(methylamin)-kupfer(II)
$[Ptpy_4][PtCl_4]$	Tetrapyridinplatin(II)-tetrachloroplatinat(II)
$[Fe(dipy)_3]Cl_2$	Tris(dipyridyl)eisen(II)-chlorid
$[Co\ en_3]_2(SO_4)_3$	Tris(äthylendiamin)-kobalt(III)-sulfat
$[Zn(NH_2CH_2CHNH_2CH_2NH_2)_2]J_2$	Bis(1.2.3 triaminopropan)-zink-jodid
$K[PtCl_3(C_2H_4)]$	Kalium-trichloro-äthylen-platinat(II)
$[PtCl_2(H_2NCH_2CHNH_2CH_2NH_3)]Cl$	Dichloro-2.3-diaminopropylammonium-platin(II)-chlorid
$[Cr(C_6H_5NC)_6]$	Hexakis(phenylisocyanid)-chrom

7.222 ***Wasser*** **und** ***Ammoniak*** **werden als neutrale Liganden in Komplexen** ***„aquo"*** **und** ***„ammin"*** **genannt.**

In den „Versuchsweisen Richtsätzen" wurde vorgeschlagen, die alteingeführte Bezeichnung „aquo" in „aqua" umzuwandeln, um so die Endung -o ausschließlich für anionische Liganden zu verwenden. Die alte Form ist jedoch so allgemein in Gebrauch, daß eine Änderung von vielen als zu pedantisch angesehen wird; die Kommission hat sich daher entschieden, die Bezeichnung „aquo" als Ausnahme beizubehalten.

Beispiele:

$[Cr(H_2O)_6]Cl_3$	Hexaquochrom(III)-chlorid oder Hexaquochrom-trichlorid
$[Al(OH)(H_2O)_5]^{++}$	Hydroxopentaquoaluminium-Ion
$[Co(NH_3)_6]ClSO_4$	Hexamminkobalt(III)-chloridsulfat
$[CoCl(NH_3)_5]Cl_2$	Chloropentamminkobalt(III)-chlorid
$[CoCl_3(NH_3)_2((CH_3)_2NH)]$	Trichlorodiammin(dimethylamin)-kobalt(III)

7.223 Die Gruppen NO, NS, CO und CS werden, wenn sie unmittelbar an ein Metallatom gebunden sind, als Nitrosyl, Thionitrosyl, Carbonyl und Thiocarbonyl bezeichnet. Für die Berechnung der Oxydationsstufe werden diese Radikale als neutrale Liganden betrachtet, soweit nicht, wie speziell bei vielen NO-haltigen Komplexen, die Ladung nachgewiesen ist.

Beispiele:

$Na_2[Fe(CN)_5NO]$	Dinatrium-pentacyanonitrosylferrat
$K_3[Fe(CN)_5CO]$	Trikalium-pentacyanocarbonylferrat
$K[Co(CN)(CO)_2(NO)]$	Monokalium-cyanodicarbonylnitrosyl-cobaltat
$Na[Co(CO)_4]$	Natrium-tetracarbonylcobaltat(−I)
$HCo(CO)_4$	Hydrogen-tetracarbonyl-kobalt(−I)
$[Ni(CO)_2((C_6H_5)_3P)_2]$	Dicarbonyl-bis(triphenylphosphin)nickel
$[Fe\ en_3][Fe(CO)_4]$	Tris(äthylendiamin)eisen(II)-tetracarbonylferrat(−II)
$Mn_2(CO)_{10}$	Dekacarbonyldimangan oder Dimangandekacarbonyl
oder $[(CO)_5Mn-Mn(CO)_5]$	oder Bis(pentacarbonylmangan)

7.224 Anionen, die sich von Kohlenwasserstoffen ableiten, erhalten Radikalnamen ohne -o; bei der Berechnung der Oxydationsstufe werden sie jedoch als negativ gezählt.

Würde man auch in diesen Fällen grundsätzlich die Endung -o einführen, so erhielte man ungewöhnliche Namen, wie z. B. Phenylo für die Gruppe $C_6H_5^-$. Würde man andererseits diese Radikale zu den neutralen Liganden zählen, so würden die Zentralatome ungewöhnliche Oxydationsstufen erhalten, z. B. −I für Bor in der Verbindung $KB(C_6H_5)_4$, statt III.

Beispiele:

$K[B(C_6H_5)_4]$	Kalium-tetraphenylborat
$K[SbCl_5C_6H_5]$	Kalium-pentachloro(phenyl)-antimonat(V)
$K_2[Cu(C_2H)_3]$	Kalium-triäthinylcuprat(I)
$K_4[Ni(C_2C_6H_5)_4]$	Kalium-tetrakis(phenyläthinyl)-niccolat(0)
$[Fe(CO)_4(C_2C_6H_5)_2]$	Tetracarbonyl-bis(phenyläthinyl)-eisen(II)
$Fe(C_5H_5)_2$	Bis(cyclopentadiënyl)-eisen(II)
$[Fe(C_5H_5)_2]Cl$	Bis(cyclopentadiënyl)-eisen(III)-chlorid
$[Ni(NO)(C_5H_5)]$	Nitrosyl-cyclopentadiënyl-nickel

7.23 *Verschiedene Arten der Bindung gewisser Liganden*

In solchen Fällen, in denen die Bindung eines Liganden durch verschiedene Atome, die in ihm enthalten sind, vermittelt werden kann, läßt sich das die koordinative Bindung bewirkende Atom dadurch kennzeichnen, daß man sein Symbol an den Namen des Liganden anfügt. So kann die Thiooxalato-Gruppe vermittelst S oder O koordinativ gebunden sein; man unterscheidet dies durch die Bezeichnungen Thiooxalato-*S* und Thiooxalato-*O*.

In einigen Fällen sind für die unterschiedlichen Bindungsweisen schon verschiedene Namen im Gebrauch, wie z. B. Thiocyanato (−SCN) und Isothiocyanato (−NCS) sowie Nitro ($-NO_2$) und Nitrito (−ONO). Solche bereits eingebürgerten Ausdrücke können beibehalten werden.

Beispiele:

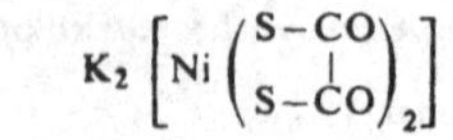

Kalium-bis(thiooxalato-*S,S*)niccolat(II)

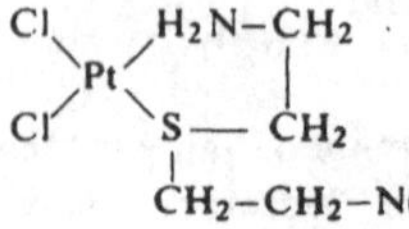

Dichloro(*N,N*-dimethylaminoäthyl-aminoäthyl-sulfid-*N′,S*)-platin(II)

$K_2[Pt(NO_2)_4]$	Kalium-tetranitroplatinat(II)
$Na_3[Co(NO_2)_6]$	Natrium-hexanitrocobaltat(III)
$[Co(NO_2)_3(NH_3)_3]$	Trinitrotriamminkobalt(III)
$[Co(ONO)(NH_3)_5]SO_4$	Nitritopentamminkobalt(III)-sulfat
$[Co(NCS)(NH_3)_5]Cl_2$	Isothiocyanatopentamminkobalt(III)-chlorid

7.3 Zwei- und mehrkernige Verbindungen

7.31 *Brückenbildende Gruppen*

7.311 Eine brückenbildende Gruppe wird durch den ihr unmittelbar vorangestellten, durch Bindestrich mit ihr verbundenen griechischen Buchstaben μ gekennzeichnet. Zwei oder mehr gleichartige Brücken kennzeichnet man durch di-μ-, tri-μ- usw.

Auf diese Weise wird eine einfache Unterscheidung von z. B. μ-disulfido (eine S_2-Brücke) und di-μ-sulfido (zwei S-Brücken) ermöglicht. Man kann diese Art der Kennzeichnung auch auf recht komplizierte und unsymmetrische Strukturen ausdehnen, indem man erforderlichenfalls von den üblichen Vorsilben cis, trans, asym und sym Gebrauch macht.

Beispiele:

$[(NH_3)_5Cr-OH-Cr(NH_3)_5]Cl_5$ — μ-Hydroxo-bis(pentamminchrom(III))-chlorid

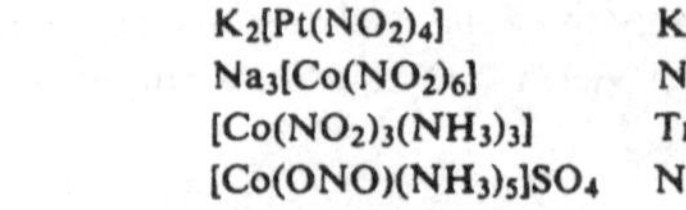

Di-μ-chloro-dichloro-bis(triäthylarsin)-diplatin (II)

(drei mögliche Isomere: *asym*, *sym-cis* und *sym-trans*; das letztere ist durch die Formel wiedergegeben)

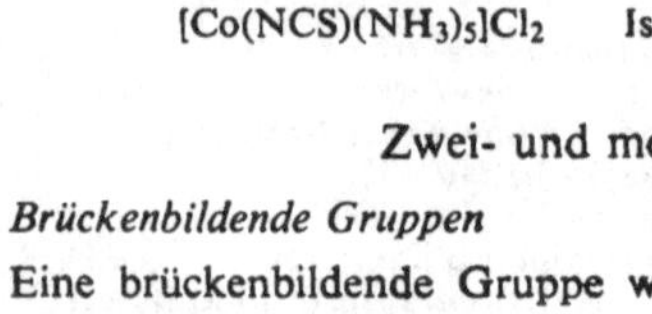

Di-μ-rhodano-dirhodano-bis(tripropylphosphin)-diplatin(II)

$[(CO)_3Fe(CO)_3Fe(CO)_3]$	Tri-μ-carbonyl-bis(tricarbonyleisen)
$[(CO)_3Fe(SC_2H_5)_2Fe(CO)_3]$	Di-μ-äthanthiolato-bis(tricarbonyleisen)
$[(C_5H_5)(CO)Fe(CO)_2Fe(CO)(C_5H_5)]$	Di-μ-carbonyl-bis(carbonyl-cyclopentadiënyl-eisen)
$[(CO)(P(OC_2H_5)_3)Co(CO)_2Co(CO)(P(OC_2H_5)_3)]$	Di-μ-carbonyl-bis(carbonyl-triäthylphosphit-kobalt)
$[(CN)Au(C_3H_7)_2]_4$	cyclo-Tetra-μ-cyano-tetrakis(dipropylgold)

7.312 Bindet ein Brückenatom mehr als zwei Zentralatome, so wird deren Anzahl durch einen an das μ rechts unten angehängten Zahlenindex angegeben.

Beispiele:		
	$[Be_4O(CH_3COO)_6]$	$μ_4$-Oxo-hexa-μ-acetato-tetraberyllium
	$[CuJ((C_2H_5)_3As)]_4$	Tetra-$μ_3$-jodo-tetrakis(triäthylarsinkupfer(I))

7.32 *Räumlich unbegrenzte Strukturen*

Wenn durch Brückenbildung Strukturen von unbegrenzter Ausdehnung entstehen, ist es am besten, die Verbindungen in erster Linie nach ihrer stöchiometrischen Zusammensetzung zu benennen. So hat z. B. die Verbindung, deren Zusammensetzung durch die Formel $CsCuCl_3$ wiedergegeben wird, ein Anion mit folgender Struktur:

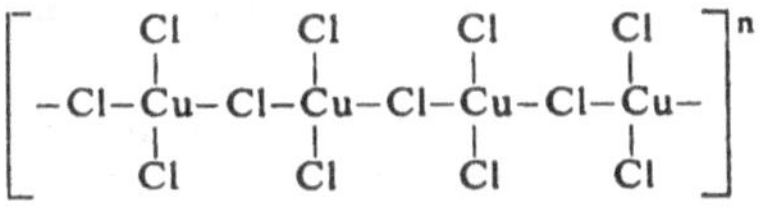

Dies kann durch die Formel $(Cs^+)_n[(CuCl_3)_n]^{n-}$ ausgedrückt werden und führt zu dem einfachen Namen Cäsium-catena-μ-chloro-dichlorocuprat(II). Wäre aber die Struktur zweifelhaft, so würde man die Verbindung als Doppelsalz benennen: Cäsium-Kupfer(II)-chlorid.

7.4 Isopolyanionen

Die Struktur vieler Isopolyanionen ist jetzt durch Röntgenuntersuchungen aufgeklärt worden. Es zeigt sich, daß die Angabe der verschiedenen μ-oxo und oxo-Atome in den Namen kein klares Bild von der Struktur vermittelt und so nur geringen Wert hat.

Zur Zeit reicht es aus, die Anzahl der Atome durch griechische Zahlwörter anzugeben, wenigstens so lange, bis isomere Formen gefunden worden sind. Wenn alle Atome in ihren „normalen" Oxydationsstufen vorliegen (z. B. W^{VI}), braucht man die Anzahl der Sauerstoffatome nicht anzugeben.

Beispiele:

$K_2S_2O_7$	Dikaliumdisulfat
$K_2S_3O_{10}$	Dikaliumtrisulfat
$Na_5P_3O_{10}$	Pentanatriumtriphosphat
$K_2Cr_4O_{13}$	Dikaliumtetrachromat
$Na_2B_4O_7$	Dinatriumtetraborat
NaB_5O_8	Natriumpentaborat
$Ca_3Mo_7O_{24}$	Tricalciumheptamolybdat
$Na_7HNb_6O_{19} \cdot 15\,H_2O$	Heptanatrium-monohydrogen-hexaniobat-15-Wasser
$K_2Mg_2V_{10}O_{28} \cdot 16\,H_2O$	Dikaliumdimagnesium-dekavanadat-16-Wasser

7.5 Heteropolyanionen

Das Zentralatom wird im Namen des Anions zuletzt, im Namen seiner Formel zuerst angeführt (vgl. 7.11); z. B. Wolframatophosphat, *nicht* Phosphowolframat.

Muß die Oxydationsstufe angegeben werden, so kann es zur Vermeidung von Mißverständnissen notwendig sein, sie unmittelbar hinter dem Atom anzuführen, auf das sie sich bezieht, und nicht erst hinter der Endung -at.

Beispiele:

$(NH_4)_3PW_{12}O_{40}$	Triammonium-dodekawolframatophosphat
$(NH_4)_6TeMo_6O_{24} \cdot 7H_2O$	Hexammonium-hexamolybdatotellurat-heptahydrat
$Li_3HSiW_{12}O_{40} \cdot 24\,H_2O$	Trilithiummonohydrogen-dodekawolframatosilicat-24-Wasser
$K_6Mn^{IV}Mo_9O_{32}$	Hexakalium-enneamolybdatomanganat(IV)
$Na_6P_2^{V}Mo_{18}O_{62}$	Hexanatrium-18-molybdatodiphosphat
$Na_4P_2^{III}Mo_{12}O_{41}$	Tetranatrium-dokekamolybdatodiphosphat(III)
$K_7Co^{II}Co^{III}W_{12}O_{42} \cdot 16H_2O$	Heptakalium-dodekawolframatocobalt(II)cobalt(III)at-16-Wasser
$K_3PMo_{10}V_2O_{39}$	Trikalium-dekamolybdatodivanadatophosphat

Abschnitt 8: Additionsverbindungen

Durch die Endung -at sind jetzt in den rationellen Namen mehratomige Anionen charakterisiert. Sie sollte daher allgemein nicht mehr für Additionsverbindungen verwendet werden. Alkoholate sind *Salze* des Alkohols; es ist daher nicht richtig, Verbindungen, die „Kristallalkohol" enthalten, so zu nennen. Entsprechend sollten auch Additionsverbindungen, die Äther, Ammoniak usw. enthalten, nicht als Ätherate, Ammoniakate usw. bezeichnet werden.

Eine Ausnahme läßt sich jedoch nicht gut beseitigen. Die Bezeichnung „Hydrat" für eine Verbindung, die Kristallwasser enthält, ist so fest eingebürgert, daß man diesen Namen für Verbindungen, die in dieser Weise gebundenes Wasser enthalten, auch weiter zulassen muß. Gleichwohl wäre es vorzuziehen, daß man auch in diesem Falle die Endung -at vermeiden und statt dessen den Namen „Wasser" gebrauchen würde.

Die Namen von Additionsverbindungen können ohne weiteres in der Weise gebildet werden, daß man die Namen der einzelnen Verbindungen mit Bindestrichen aneinanderfügt und die Anzahl der Molekeln durch arabische Ziffern angibt. Wenn es sich bei den angelagerten Molekeln um organische Verbindungen handelt, empfiehlt sich jedoch die Verwendung von multiplikativen Zahlwörtern (bis, tris, tetrakis usw.) an Stelle von arabischen Ziffern, damit Verwechslungen mit der Verwendung arabischer Zahlen in der organischen Chemie zur Ortsbezeichnung von Substituenten vermieden werden.

Beispiele:

$CaCl_2 \cdot 6\,H_2O$	Calciumchlorid-6-Wasser oder Calciumchloridhexahydrat
$3CdSO_4 \cdot 8\,H_2O$	3-Cadmiumsulfat-8-Wasser
$Na_2CO_3 \cdot 10\,H_2O$	Natriumcarbonat-10-Wasser oder Natriumcarbonatdekahydrat
$AlCl_3 \cdot 4\,C_2H_5OH$	Aluminiumchlorid-4-Äthanol oder -tetrakisäthanol
$BF_3 \cdot (C_2H_5)_2O$	Bortrifluorid-Diäthyläther
$BF_3 \cdot 2\,CH_3OH$	Bortrifluorid-bismethanol
$BF_3 \cdot H_3PO_4$	Bortrifluorid-Phosphorsäure
$BiCl_3 \cdot 3PCl_5$	Wismuttrichlorid-3-Phosphorpentachlorid
$TeCl_4 \cdot 2\,PCl_5$	Tellurtetrachlorid-2-Phosphorpentachlorid
$(CH_3)_4N[AsCl_4] \cdot 2\,AsCl_3$	Tetramethylammonium-tetrachloroarsenat(III)-2-Arsentrichlorid
$CaCl_2 \cdot 8\,NH_3$	Calciumchlorid-8-Ammoniak
$8\,H_2S \cdot 46\,H_2O$	8-Schwefelwasserstoff-46-Wasser
$8\,Kr \cdot 46\,H_2O$	8-Krypton-46-Wasser
$6\,Br_2 \cdot 46\,H_2O$	6-Dibrom-46-Wasser
$8\,CHCl_3 \cdot 16\,H_2S \cdot 136\,H_2O$	8-Chloroform-16-Schwefelwasserstoff-136-Wasser

Diese Namen unterscheiden sich nicht sehr von einer bloßen Beschreibung der Zusammensetzung, die man auch tatsächlich benutzen kann, z. B.: Calciumchlorid mit 6 Wasser, Verbindung von Aluminiumchlorid mit 4 Äthanol usw.

Will man zum Ausdruck bringen, daß die addierten Molekeln den Teil eines Komplexes bilden, so werden die Namen entsprechend den Richtsätzen in Abschnitt 7 gegeben.

Beispiele:

$FeSO_4 \cdot 7\,H_2O$ oder	Eisen(II)-sulfat-heptahydrat
$[Fe(OH_2)_6]SO_4 \cdot H_2O$	Hexaquoeisen(II)-sulfat-monohydrat
$PtCl_2 \cdot 2\,PCl_3$ oder	Platin(II)-chlorid-2-Phosphortrichlorid
$[PtCl_2(PCl_3)_2]$	Dichloro-bis(phosphortrichlorid)-platin(II)
$AlCl_3 \cdot NOCl$ oder	Aluminiumchlorid-Nitrosylchlorid
$NO[AlCl_4]$	Nitrosyl-tetrachloroaluminat
$BF_3 \cdot (C_2H_5)_3N$ oder	Bortrifluorid-Triäthylamin
$[F_3B \cdot N(C_2H_5)_3]$	Trifluoro(triäthylamin)-bor

Abschnitt 9: Polymorphie

Mineralien von gleicher Zusammensetzung haben verschiedene Namen, wenn ihre Kristallstruktur verschieden ist; z. B. Zinkblende, Wurtzit; Quarz, Tridymit und Cristobalit. Von Chemikern und Metallographen werden polymorphe Modifikationen mit griechischen Buchstaben oder römischen Ziffern bezeichnet (α-Eisen, Eis I usw.). Diese Methode ist ähnlich dem Gebrauch von Trivialnamen, und es ist nichts dagegen einzuwenden, daß sie auch in Zukunft in solchen Fällen beibehalten wird, in denen Polymorphie festgestellt wurde, jedoch die verschiedenen Strukturen, auf denen sie beruht, noch nicht aufgeklärt sind. Bedauerlicherweise gibt es aber dafür kein einheitliches System; manche Forscher haben die bei normaler Temperatur beständige, andere die unmittelbar unterhalb des Schmelzpunktes beständige Form als α-Form bezeichnet. Eine rationelle Bezeichnungsweise sollte sich auf die Kristallstruktur gründen, und die Bezeichnungen mit α, β, γ usw. sollte man als provisorische Benennungen oder als Trivialnamen ansehen. Die hier vorgeschlagenen Regeln sind gedacht als eine Grundlage für die weitere Entwicklung, und so ist zu hoffen, daß die bei ihrem Gebrauch gemachten Erfahrungen es ermöglichen, zu einem späteren Zeitpunkt mehr ins einzelne gehende Richtsätze aufzustellen.

9.1 Für chemische Zwecke (d. h. wenn nicht bestimmte Mineralien ins Auge gefaßt werden), sollen verschiedene Modifikationen durch Hinzufügen des Kristallsystems hinter den Namen oder die Formel gekennzeichnet werden. Z. B. entspricht Zinksulfid (cub.) oder ZnS (cub.) der Zinkblende und ZnS (hex.) dem Wurtzit. Die Kommission hält es für zweckmäßig, daß die folgenden Abkürzungen international festgelegt werden:

cub. = kubisch; c. = raumzentriert; f. = flächenzentriert
tetr. = tetragonal
o-rh. = (ortho)rhombisch
hex. = hexagonal
trig. = trigonal
mon. = monoklin
tric. = triklin

Schwach verzerrte Gitter können durch das Zeichen ~ angezeigt werden. So kann z. B. ein schwach verzerrtes flächenzentriertes kubisches Gitter durch die Bezeichnung „~ f. cub." gekennzeichnet werden.

9.2 Kristallographen mögen es für wünschenswert halten, die Raumgruppe hinzuzufügen; es ist jedoch zweifelhaft, ob man dies auch den Chemikern zum allgemeinen Gebrauch empfehlen soll.

9.3 Einfache, wohlbekannte Strukturen können auch dadurch gekennzeichnet werden, daß man eine den Kristalltyp charakterisierende Verbindung in Klammern und in Kursivschrift hinter die Formel setzt. Aber dieses System versagt oft, da viele Strukturen sich nicht in dieser Weise auf einen bestimmten Typ beziehen lassen. So kann AuCd über 70° C als AuCd (cub.) oder als AuCd (*CsCl-Typ*) geschrieben werden, bei tieferen Temperaturen aber nur als AuCd (o-rh.), da diese Struktur sich nicht auf einen anderen bekannten Typ beziehen läßt.

Anhang

Zusammenstellung von Namen für Ionen und Radikale

(in der Reihenfolge des Periodensystems)

(In der **anorganischen** Chemie werden Namen, die auf Substitutionen basieren, selten gebraucht; aber die in der organischen Chemie üblichen Namen sind aufgeführt, um auf gewisse Unterschiede zwischen der organischen und anorganischen Nomenklatur hinzuweisen.)

Atom oder Gruppe	Name				
	als neutrale Molekel (einschl. freier Radikale)	*als Kation oder kationisches Radikal* (Oxydationsstufe erforderlichenfalls durch Stocksche Bezeichnung angeben)	*als Anion*	*als Ligand*	*als Substituent in organischen Verbindungen*
H	Monowasserstoff	Hydrogen	Hydrid	Hydrido	
F	Monofluor		Fluorid	Fluoro	Fluor
Cl	Monochlor	Chlor	Chlorid	Chloro	Chlor
Br	Monobrom	Brom	Bromid	Bromo	Brom
J	Monojod	Jod	Jodid	Jodo	Jod
J_3			Trijodid		
ClO		Chlorosyl	Hypochlorit	Hypochlorito	
ClO_2	Chlordioxid	Chloryl	Chlorit	Chlorito	
ClO_3		Perchloryl	Chlorat	Chlorato	
ClO_4			Perchlorat		
JO		Jodosyl	Hypojodit		Jodoso
JO_2		Jodyl			Jodo od. Jodyl
O	Monosauerstoff		Oxid	Oxo	Oxo od. Keto
O_2	Disauerstoff		O_2^{2-} Peroxid O_2^- Hyperoxid	Peroxo	Peroxy
OH	Hydroxyl		Hydroxid	Hydroxo	Hydroxy
HO_2	(Perhydroxyl)		Hydrogen-peroxid	Hydrogen-peroxo	Hydro-peroxy
S	Monoschwefel		Sulfid	Thio	Thio
HS	(Sulfhydryl)		Hydrogen-sulfid	Thiolo	Thiol oder Mercapto
S_2	Dischwefel		Disulfid	Disulfido	
SO	Schwefelmonoxid	Thionyl			Sulfinyl
SO_2	Schwefeldioxid	Sulfuryl	Sulfoxylat		Sulfonyl
SO_3	Schwefeltrioxid		Sulfit	Sulfito	
HSO_3			Hydrogen-sulfit	Hydrogen-sulfito	
S_2O_3			Thiosulfat	Thiosulfato	
SO_4			Sulfat	Sulfato	
Se	Selen		Selenid	Seleno	Seleno
SeO		Seleninyl			Seleninyl
SeO_2		Selenyl			Selenonyl
SeO_3	Selentrioxid		Selenit	Selenito	
SeO_4			Selenat	Selenato	
Te	Tellur		Tellurid	Telluro	Telluro

Atom oder Gruppe	Name				
	als neutrale Molekel	*als Kation oder kationisches Radikal**)	*als Anion*	*als Ligand*	*als Substituent in organ. Verbindungen*
CrO_2		Chromyl			
UO_2		Uranyl			
NpO_2		Neptunyl			
PuO_2		Plutonyl			
AmO_2		Americyl			
N	Monostickstoff		Nitrid	Nitrido	
N_3			Azid	Azido	
NH			Imid	Imido	Imino
NH_2			Amid	Amido	Amino
NHOH			Hydroxylamid	Hydroxylamido	Hydroxylamino
N_2H_3			Hydrazid	Hydrazido	Hydrazino
NO	Stickstoffoxid	Nitrosyl		Nitrosyl	Nitroso
NO_2	Stickstoffdioxid	Nitryl		Nitro	Nitro
ONO			Nitrit	Nitrito	
NS		Thionitrosyl			
$(NS)_n$		Thiazyl (z. B. Trithiazyl)			
NO_3			Nitrat	Nitrato	
N_2O_2			Hyponitrit	Hyponitrito	
P	Phosphor		Phosphid	Phosphido	
PO		Phosphoryl			Phosphoroso
PS		Thiophosphoryl			
PH_2O_2			Hypophosphit	Hypophosphito	
PHO_3			Phosphit	Phosphito	
PO_4			Phosphat	Phosphato	
AsO_4			Arsenat	Arsenato	
VO		Vanadyl			
CO	Kohlenmonoxid	Carbonyl		Carbonyl	Carbonyl
CS		Thiocarbonyl			
CH_3O	Methoxyl		Methanolat	Methoxo	Methoxy
C_2H_5O	Äthoxyl		Äthanolat	Äthoxo	Äthoxy
CH_3S			Methanthiolat	Methanthiolato	Methylthio od. Methylmercapto
C_2H_5S			Äthanthiolat	Äthanthiolato	Äthylthio od. Äthylmercapto
CN		Cyan	Cyanid	Cyano	Cyano
OCN			Cyanat	Cyanato	Cyanato
SCN			Thiocyanat	Thiocyanato u. Isothiocyanato	Thiocyanato u. Isothiocyanato
SeCN			Selenocyanat	Selenocyanato	Selenocyanato
TeCN			Tellurocyanat	Tellurocyanato	
CO_3			Carbonat	Carbonato	
HCO_3			Hydrogencarbonat	Hydrogencarbonato	
CH_3CO_2			Acetat	Acetato	Acetoxy
CH_3CO	Acetyl	Acetyl			Acetyl
C_2O_4			Oxalat	Oxalato	

*) Wenn notwendig, STOCKsche Bezeichnung der Oxydationsstufe.

(52) 100/454/63 K 2004/1.0

FSC
www.fsc.org
MIX
Papier | Fördert gute Waldnutzung
FSC® C083411

Kolibri 360 GmbH
Ferdinand-Jühlke-Straße 7
99095 Erfurt, Deutschland
produktsicherheit@kolibri360.de